自動車のサスペンション

構造・理論・評価

カヤバ株式会社 編

グランプリ出版

はじめに

　1886年のベンツ・モートールヴァーゲンを自動車の第1号とするならば、自動車が発明されて以来、約130年が経つ。この間、自動車の技術は年々進歩し、その性能向上には著しいものがある。サスペンションはこの第1号車にも装着されており、その歴史はそれ以前の馬車の時代にまでさかのぼる。

　人が快適に車を運転するためには、乗心地が良く、ドライバの思ったとおりに操縦でき、外乱に対しても安定していることが要求される。サスペンションはこれらの特性に大きく関係する装置であるが、「快適」とか「思ったとおり」ということは人間の感覚が介在するので、原動機の「パワー」や「トルク」のように、これらの特性を物理量として定量的に評価し難い。しかし、そこがサスペンションの奥が深いところでもある。

　サスペンションはリンクやばね、スタビライザ、ショックアブソーバ、ブッシュなどにより構成され、これらが互いに密接に関連し合って乗心地や操縦性・安定性を高度なレベルで成立させている。近年はさらに電子制御技術も加わってきている。本書はサスペンションの歴史、構造、基礎理論、要素部品からモータスポーツのサスペンションや電子制御サスペンションに至るまで、広い範囲にわたり解説している。

　弊社はショックアブソーバの専門メーカに過ぎず、サスペンションリンクなどの設計・開発は自動車メーカが、ばねやブッシュ類はそれぞれの専門メーカの所掌するところである。弊社があえて「自動車のサスペンション」と題して執筆した理由は二つある。

　一つは、どのメーカが書いたとしても、車両性能から機能部品の特性や内部構造のすべてにわたって詳細には書けないということ。もう一つは、書くことで我々自身がサスペンションについてより理解が深められるという点にある。従って、本書の執筆に当っては多くの文献を参考にしている点はご容赦願いたい。

　本書は、1991年に山海堂から『自動車のサスペンション』として初版が刊行された。その後、2005年に[第二版]として改訂したが、残念ながら山海堂が2007年12月に解散し、その後は絶版となっていた。

　今般、グランプリ出版より再度本書を改訂して発刊したいとの話があり、基本構成は変えてはいないが内容を大幅に見直し、最近の事例まで加えて改訂した。基礎理論の部分では、技術系以外の人にはなじみのない数式も少し出てきて難解な部分もあるかも知れないが、それ以外の部分については極力平易に説明したつもりである。サスペンションに興味を持つ読者諸兄に、少しでも役に立てれば幸いである。

　最後に、本書出版に当たり、何かとお世話いただいたグランプリ出版 山田国光氏、及びご協力いただいたすべての関係者の方々に深く御礼申し上げる。

著者

目次

第1章　サスペンションの概要

1.1　サスペンションの機能と構成

1.1.1　サスペンションの機能 [1]

　自動車のサスペンション（懸架装置）は、車体に対し車輪を上下方向には緩衝作用を働かせながら動きを許容し、前後、左右方向には車輪の動きを規制して位置決めを行なう機構である。この基本的な機能は次のとおりである。

(1) 緩衝機能

　馬車の時代に最初に目的とされた機能で、路面不整などによる車輪の上下振動を緩和、吸収して、振動が車体に直接伝達されることを防止する。これにより乗員の乗心地向上、積荷の保護、車体各部の動的応力の低減を図る。さらに、車輪の振動を抑制してタイヤと路面間の接地力変動を抑え、駆動力、制動力、横力などを有効に作用させて車両の走行性能を高める。

(2) 車輪保持機能

「走る」、「曲がる」、「止まる」という自動車の基本機能の実現のために、タイヤと路面間に発生する前後、左右方向の力に対して、車輪と車体との連結を保持する機能である。

(3) アライメント制御機能

　直進安定性確保や、旋回時の運動性能を向上させるためには、タイヤが路面に対しどのような状態で接地しているかが非常に重要である。サスペンションがストロークしたときや、制動力、駆動力、横力が車輪に作用したときに、ホイールアライメントを適切に設定するのがアライメント制御機能である。

(4) ストローク規制（ストッパ）機能

　サスペンションのストロークは大きい方が良いが、車体と車輪との干渉、構成機器やアライメント変化の許容範囲などで制約を受ける。この制約内にストロークを収めるのがストローク規制（ストッパ）機能である。

1.1.2　サスペンションの構成

　図1-1にサスペンションの構成例を示す。サスペンションは前述の緩衝機能のために、車輪の上下運動に対して適度な軟らかさを有する弾性要素としてのばね（スプリング）と、振動減衰要素としてのショックアブソーバ（ダンパ）、および、車輪保持機能とアライメント制御機能を担うリンク機構とで構成される。

　弾性要素としてのばねは、リーフスプリング（板ばね）、コイルばね、トーションバー、ゴムばね、空気ばね、油空圧ばねなどがあり、振動減衰要素としてのショックアブソーバは、現在は油圧式のものが一般的に使用されている。

　上記部品以外に、各部品と車体との結合部には、高周波振動の車体への伝達を防止するために、ゴム製のブッシュやインシュレータが設けられている。

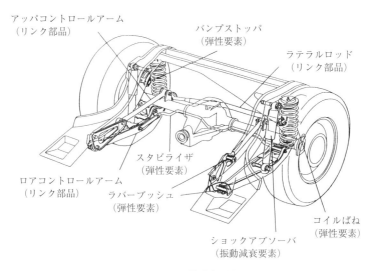

図1-1　サスペンションの構成（後軸用5リンク式の例）

1.1.3　ホイールアライメント

　サスペンションの機能の中に、アライメント制御機能があると述べたが、ここでホイールアライメントの主なものについて少し説明しておく。

(1) キャスタ

　図1-2に示すように操舵輪を側面から見たときに、鉛直線とキングピン軸とのなす角をキャスタ角と呼び、タイヤの接地点とキングピン軸線と接地面との交点との距離をトレールという。キャスタ角を大きくするとトレールも大きくなる。直進安

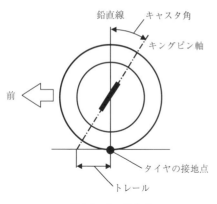

図1-2 キャスタ角

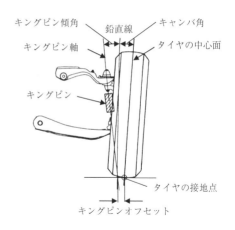

図1-3 キャンバ角

定性と操舵力に大きく寄与する因子である。

(2) キャンバ・キングピン傾角

　図1-3のように車輪は前から見ると若干外側に傾斜しており、この傾斜した車輪の中心面と鉛直線のなす角度をキャンバ角という。車輪がストロークしたときキャンバ角は変化し、車両の直進性や旋回特性に大きく影響する因子である。

　また、キングピン軸と鉛直線とのなす角をキングピン傾角、キングピン軸と接地面との交点とタイヤ接地点との距離をキングピンオフセット（スクラブ半径）と呼ぶ。キングピン軸回りのモーメントの大きさを決め、操舵力や直進安定性に寄与する因子である。

(3) トーイン

　図1-4に示すように、左右輪の前後間隔の差（B－A）をトーインという。トー変化も車両の直進安定性や、旋回特性に大きな影響を及ぼす因子である。これらのアライメントは、車両の直進性や旋回性能に大きく影響を及ぼす設計因子である。これらをより高いレベルで設定しようと様々なサスペンション形式が開発されてきた。次節でサスペンション形式と構成要素の歴史について説明する。

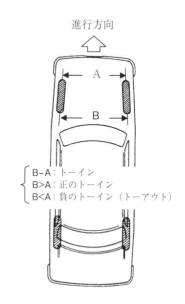

図1-4 トーイン

1.2　サスペンションの歴史 [2]~[6]

1.2.1　サスペンション形式の歴史

　サスペンションの歴史は自動車よりも古く、馬車の時代から存在していた。14世紀頃に客室を革ベルトや鎖で吊り下げた（サスペンド）ものが登場し、これがサスペンションの語源になっている。今日のように車軸と客室の間にばねを装着するようになったのは17世紀頃である。当時のばねはリーフスプリングを2つ組み合わせた（2/2または全楕円リーフスプリングという）パンタグラフのような動きをするものであった。最初の自動車といわれるベンツの第1号車（1886年）にも、後軸にはこのリーフスプリングが装着されていた（**図1-5**）。

　初期の自動車は縦置きリーフスプリングのリジッドアクスルサスペンションがほとんどであったが、乗心地や操縦性・安定性（操安性）の向上を図るために、いろいろなサスペンション形式が考案、採用された。1900年代

図1-5　1886年型ベンツ・モトールヴァーゲン

の前半まではより良いサスペンション構造を模索している時代だったといえる。**表1-1**に種々のサスペンション形式が最初に採用された車を示す。古い話なので文献によって食い違うものもあり、正確ではないかも知れないが、いつ頃どんなサスペンション形式が生まれてきたのか概略は分かる。

　縦置きリーフスプリングが長い間車軸式サスペンションの主流であった。次第に前輪が独立懸架に置き換わり、後輪にのみ多く使われるようになったが、その後トレーリングリンク式に置き換わっていった。しかし、後輪も独立懸架（インデペンデントサスペンション）や後述のトーションビーム式になるにつれ、トレーリングリンク式も減少していった。

　独立懸架のサスペンションはスライディングピラーに始まり、色々な方式が出現したが、主流になったのはダブルウイッシュボーン式である。ダブルウイッシュボーン式の第1号は、1928年のイタリアのサンジュストといわれている。コイルスプリングと組み合わせたものは、1933年のメルセデスや1934年のGMとシトロエンで量産車に採用され、それ以来、急激に世界中に広まり現在に至るまで使われている。

表1-1　サスペンション形式の歴史

区分	形式	世界初	日本初
サスペンションリジッドサスペンション	縦置きリーフスプリング	1886 ベンツ・モートールヴァーゲン	1902 タクリー号
	横置きリーフスプリング	1891 プジョー1号車	1916 アロー号
	ド ディオン アクスル	1899 ドドィオンブートン	1957 スカイライン
	トレーリングリンク	1903 ランチェスター	1960 コロナ
	トルクチューブ	1908 フォードT	1936 トヨダAA
	トーションビーム	1976 アウディ	1980 ギャラン
インデペンデントサスペンション	スライディング ピラー	1897 ナイト	
	トレーリング アーム	1922 NSU	
	ダブルウイッシュ ボーン	1923 サンジュスト	1947 トヨペットSA
	シングルウイッシュ ボーン	1925 シゼール	
	上下平行リーフ	1927 アルビスFF	1933 ローランド（筑波）号
	ストラット	1929 コッタン デクート	1965 ホンダL700
	リーディング アーム	1932 トロージャン	1958 スバル360
	デュボネ	1932 デュボネ	1960 三菱500
	セミトレーリングアーム	1950 ランチア アウレリア	1968 ローレル
	マルチ リンク	1982 BENZ 190（W 201）	1986 マツダルーチェ

ウイッシュボーンとはV形のアームが鳥の叉骨（Wishbone）の形に似ていることから命名された。直訳すれば「願いの骨」であり、その由来は鳥料理の食後に、鳥の胸の叉骨を取り合う勝負で長い方を取った者の望みがかなうというところから来ている。実際はV形のアームでなくてもウイッシュボーンと呼んでいるので、4節リンク式と機能で呼んだ方が技術的には適切かも知れない。

　独立懸架のもう一つの主流になったのはストラット式である。ストラット式はGMの技師マック・ファーソンが英フォードに転籍し、1953年のプリフェクトに採用したのが最初とされ、マック・ファーソン・ストラットとも呼ばれている。しかしその原型はもっと古く、1929年のフランスのコッタン・デクートとの記述もある。エンジンルームのスペースを確保しやすい方式なので、現在でも小型FF車の前輪用独立懸架方式として多く採用されている。

　後輪用の独立懸架方式としては前述のダブルウイッシュボーンやストラット式以外に、トレーリングアーム式やその改良型であるセミトレーリングアーム式が生まれた。1970年代頃は、前輪ストラット式、後輪セミトレーリングアーム式の組み合わせが、FR車で多く採用された。

　1980年頃になるとFF車後輪用として左右のトレーリングアームをビームで連結するトーションビーム式が増加してきた。この方式は独立懸架と車軸式（リジッドアクスルサスペンション）の中間的な特徴を持つと同時に、スタビライザの機能も兼ねることができ、荷室スペースも大きく取りやすいので、現在でも主流の方式と

なっている。

　サスペンションリンクの目的は、サスペンションがストロークしたときに、いかにタイヤを最適な状態で地面に接地させるかであるが、これを追求して生まれてきたのがマルチリンク式である。1982年のベンツで初めて採用された。ダブルウイッシュボーン式の発展型ともいえるが、このような設計が可能になったのも、コンピュータにより複雑なリンクモーションと、それに伴うホイールアライメントの変化の予測が可能になったからである。高性能を追求する高級車では、ダブルウイッシュボーン式とともに多く採用されている。

1.2.2　連成リンク装置

　1.2.1項では前輪、あるいは後輪に採用されたサスペンションの歴史について概説したが、前輪と後輪、または左右輪を連成させた特殊なサスペンションも登場した。

　自動車は突起や凹みを通過する際、前輪と後輪のばねのたわみに時間差が生じピッチングを発生する。また急な加減速においてもピッチングが生じる。これらを低減させようという目的から、前後のサスペンションを連成させようという試みがなされた。

　図1-6は1948年のシトロエン2CVで、フロントとリヤのアームの付け根にベルクランクを設け、前後のアームの動きを、コイルスプリングを介して連成させている。さらにこの車の前後のアームの先端には、重錘を付けたダイナミックダンパも取り付けられていた。

　1955年のシトロエンDSや1959年のオースチン／モーリスには、前後のサスペンションに油圧力を利用して連成させたものも登場した（**図1-7**）。さらに、ピッチング抑制の前後連成だけでなく、ローリング抑制のために左右のサスペンションを

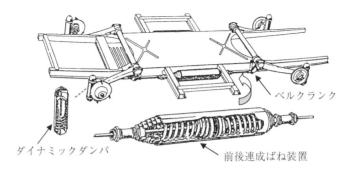

ダイナミックダンパ　　　ベルクランク　　　前後連成ばね装置

図1-6　シトロエン2CV（1948年）の機械的連成サスペンション[2)]

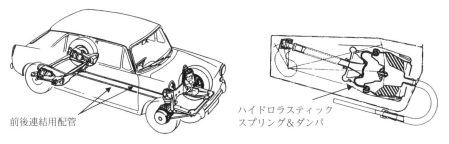

前後連結用配管

ハイドロラスティック
スプリング＆ダンパ

図1-7　モーリス（1965年）の油圧前後連成サスペンション[2]

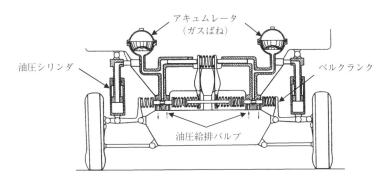

アキュムレータ
（ガスばね）

油圧シリンダ

ベルクランク

油圧給排バルブ

図1-8　シトロエン（1960年）の左右連成油空圧サスペンション [2]

連成させたものも考案された（**図1-8**）。これらは広く普及はしなかったが、ピッチ
やロールを抑えたいという思いは現在でもあり、最近でも油圧を利用した連成サス
ペンション機構も一部の車で採用されている。

1.2.3　ばねとショックアブソーバの歴史

　リンク以外のサスペンションを構成する主要な要素であるばねとショックアブ
ソーバも、時代とともに変遷をたどってきた。ばねは馬車の時代から1900年初期
の頃まで、ほとんどがリーフスプリングを使用していた（**図1-9**）。
　1930年頃から鋼材の進歩もありコイルスプリングやトーションバースプリング
が使われるようになった。特殊なものとして、**図1-10**に示すゴムを直接ばねとし
て使用したものや、**図1-11**のように、油空圧サスペンション（ハイドロニューマチッ
クサスペンション）のガスの代わりにゴムをばねとして使用した例もあるが、乗用
車ではその後現在に至るまでコイルスプリングが主流となっている。
　鉄道や大型車で使われている空気ばね（エアスプリング）も1950年代半ばに米国
で乗用車に採用されたことがあるが、信頼性の問題ですぐ消滅した。その後信頼性

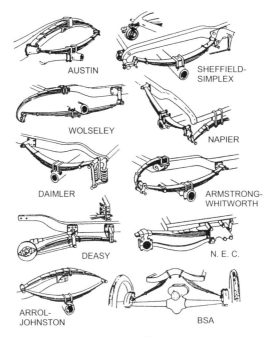

図1-9　各種リーフスプリング（1910〜1920年）[2]

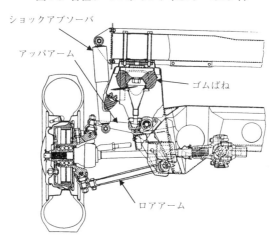

図1-10　BMCミニ（1960年）のゴムばね[2]

が確立され、1980年代になって車高調整に適するばね機構ということもあり、高級車を中心に空気ばねが再度採用されるようになった。

　もう一つの主要な要素であるショックアブソーバは、初期の自動車には装着され

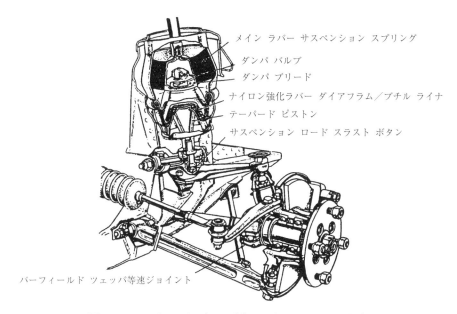

メイン ラバー サスペンション スプリング

ダンパ バルブ

ダンパ ブリード

ナイロン強化ラバー ダイアフラム／ブチル ライナ

テーパード ピストン

サスペンション ロード スラスト ボタン

バーフィールド ツェッパ等速ジョイント

図1-11　BMC オースチン（1966年）のハイドロラスティック [2]

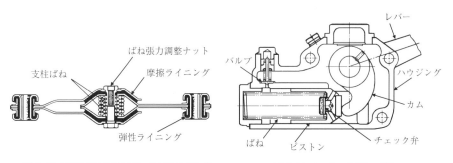

ばね張力調整ナット

支柱ばね

摩擦ライニング

弾性ライニング

図1-12　摩擦式の回転ダンパ（1920年）[2]

レバー

バルブ

ハウジング

カム

チェック弁

ばね

ピストン

図1-13　レバー式ダンパ [2]

ていなかった。ばねとしてリーフスプリングが使用され、その板間摩擦が振動減衰機能を果していた。現在のようにばねと並列にショックアブソーバが取り付けられるようになったのは1910年頃といわれている。最初は**図1-12**に示すような摩擦を利用した回転式ダンパやベルト式のものであった。

　1930年頃に摩擦式から油圧を利用したピストン式のものに移行していった。当初は**図1-13**に示すようなレバーの回転をピストンの直動運動に変換する方式のもので、現在のような筒型となったのは1950年頃である。初期は片利きのものであり、現在のように伸び側、縮み側の両利きとなったのは1960年頃である。

表1-2 各年代別サスペンション要素機器の変遷

年代	サスペンションの傾向・その他	ST・SA関係
1959年（昭34）以前	■1948年：モーリスミニが横置きエンジンとバーフィールド形等速ジョイント採用 ◆1949年：道路運送車両法施行規則で軽自動車という言葉登場 ■1955年：シトロエンDS19デビュー（ハイドロニューマチックシステム） ◆日本で本格的な乗用車の生産開始	○1925〜50年初め：レバー型SAが採用されていたが筒型SAの出現によりほとんど使用されなくなった（主にコスト上） ○1945年：GMシボレー担当のマクファーソンがオペルカデットのためにマクファーソン式サスペンションを設計 ○1953年：英フォードプリフェクトがストラットの量産第1号
1960年代（昭35〜44）	■ドイツで前輪ST採用車登場 ◆1963年頃：中小型車にも後輪独立懸架が採用され始める ■フランスで前輪ST採用車両登場（全乗用車モデルの中でFF車10%） ◆前輪STの普及が本格化 ■イタリアで4輪ST採用車両登場	◆1960〜67年頃：外国技術導入が急速に行なわれた ◆1960年頃：STの研究、開発開始 ○1963年：自動車規格（筒型ショックアブソーバ：JASO C602）が制定される ●1965年頃：日本でも減衰力可変式SAが散見 ○1966年：前輪ST国産車で採用（カローラ、L700、N360）。 この頃マクファーソンの特許切れ、STの横力による摺動抵抗も低摩擦ブッシュにて解決される ●1967年：単筒ガスSA採用（N360、ブルーバード） △1968年：前輪STの比率が約50%となる（ダブルウイッシュボーンと半々） ○1968年：ホンダ1300-Fで倒立ガスカートリッジ式ST（東京MS） △1969年：前輪STの採用がダブルウイッシュボーンより増加 △フェアレディZで4輪ST（日本初）
1970年代（昭45〜54）	◆サスペンションの形式が固定される段階に入る ◆環境問題に端を発した排ガス規制 ◆ESVの実験が進む（第1次オイルショック） ■Golfで横置エンジン採用FF（今後の大衆車の方向付け） ◆排ガス53年規制 ◆省資源のため小型軽量化、FF化が進む（第2次オイルショック）	○1970年：エンジン横置FF、前輪ST（チェリー） ○1971年：レバー式SA（モーリスマリナーF） ○1971〜72年：ST用シールの低温信頼性向上 ○1972年：スズキキャリイ-F　ST採用（軽トラック初） ●1973〜74年：SA用シールの低温信頼性向上 ●1975年：減衰力可変式SAの市販開始（手動式） ○1976年：コロナマークⅡ　全輪ST化 ●1976年：スノーモービル用SA ●1976年：位置依存式SAの研究 ○1977年：複筒ガスSAの採用（セリカ-R） ○1978年：エンジンダンパの採用（ターセル／コルサ） ○1979年：リンクダンパの採用（ブルーバード） ○1979年：複筒式ガスSTの開発、量産化

◆日本　　□米国　　■欧州　　○ST　　●SA　　△サスペンション形式など
SA：標準型ショックアブソーバ　　ST：ストラット型ショックアブソーバ

姿勢制御関係・その他

□1935年：Firestone-Tire & Rubber社で自動車用懸架ばねとしてベローズ型空気ばねの試作、実験（世界初）

□1953年：GMグレイハウンドバスにFirestone製2段式ベローズ型空気ばねシステムを実用化、その後急速に普及

◆1955年頃：鉄道車両用として日本でも空気ばねの開発、研究。同時期より自動車メーカでも研究に着手

◆1957年：　日産ディーゼルRFA91型バス（国鉄納入）
　　　　　　　いすゞHK100P型セミトレーラ、トラクタ（国鉄納入）｝日本初
　　　　　　　いすゞBK341P型バス（都営観光納入）
　　　　　　　GMキャデラックでダイヤフラム型空気ばねを実用化（世界初）

□1958年：'58年式米車はGM、Fordなどの代表的車種全てに装着された
　　　　　　→ただし翌年のモデルチェンジでは全車種消滅

◆1958〜60年頃：空気ばねがトラック用として各車で試作、実験、生産、販売された。当時の主要幹線道路が非舗装であり、過酷な使用条件による保守の問題、ロール剛性、操安性問題などで国内では普及せず、各社生産中止

◆1959〜61頃：乗用車用空気ばねの国内での基礎研究が行なわれた

1960年代よりアクティブサスペンションの研究が多く行なわれる

■1966年：ハイドロニューマチックサスペンション（シトロエンDS21）

◆1967年：トヨタセンチュリ-Fで密封型エアばねST採用（SA並列別置）

■1967年：BMCオースチンでHydrolastic Spring Unit採用

◆1968年頃：国内乗用車でエアサスの研究例あり（フロントST、リヤSA）

■1969年：セルフレベリング式SA（フェラーリ365GT、ポルシェ911E）

■1970年：シトロエンSM　ハイドロニューマチックサスペンション

◆1972年頃：エアショック（空気ばね付SA）生産（市販）

□クライスラーImperial　金属ばね併用空気ばねによるリヤのレベリング

■1975年：Benz 450 SEL-R　ハイドロニューマチックサス（金属ばね付）

■1976年：Rover 3500-R　セルフレベリング式SA

■1977年：Benz W123Tテンジ-R　ハイドロニューマチックサスペンション

□1977年：GMキャデラック-R　金属ばね併用空気ばねによるリヤのレベリング

□1978年：GM Buick Riviera-R　金属ばね併用空気ばねによるリヤのレベリング

年代	サスペンションの傾向・その他	ST・SA関係
1980年代（昭55～平1）	◆日本車の生産台数1100万台、世界一 ◆日本車の対米輸出自主規制開始 ■マルチリンクの登場（ベンツ190E） ◆シャシ関係への電子制御の適用増加 □乗用車のFF化がGMのフルサイズモデルまで波及 ◆前輪ダブルウィッシュボーン式の復活傾向 1980年代は、日本ではバブル期とも重なり、日本初や世界初を競い合い、電子制御サスペンションや付加機能のついたショックアブソーバが多く生み出された時代。	○1980年：ギャラン-F、Rで複筒式ガスST採用 ○1981年：自動車規格（サスペンションST；JASO C611）制定 ○1981年：3次元ダンパ（アコード-R） ●○1981年：減衰力可変式のOE初採用（スカイライン） ○1982年：減衰力可変式ST（カペラ） ○1982年：ボルテックスダンパ（マーチ-F） ●○1983年：アクチュエータ内蔵式減衰力可変式SA（フェアレディZ） ●1983年：積載量感応式SA（シャリオ-R） ●1984年：位置依存式SA（ピアッツァ） ●1985年：周波数感応式SA（ミラージュ） ●○1987年：3重管ソレノイド式減衰力可変式SA（BMW） ●○1988年：ステップモータ式多段階減衰力可変式SA（マークⅡ） ●1989年：ピエゾ式減衰力可変式SA（セルシオ）
1990年代（平2～11）	◆日本はバブル崩壊後、小型車、低価格車指向が強まり、電子制御サスペンションは大幅に減少 アクティブサス研究が終り、セミアクティブサスペンション（減衰力制御）が盛んとなる。日本では、ショックアブソーバの基本性能向上を各社が研究。	●○1994年：減衰力伸圧比モード可変SA（セフィーロ） ●○1997年：アルミ製SA・ST（BMW 5 Series） ●1997年：左右連携式SAシステム（REAS）（スープラ） ○1997年：倒立ラム式ガスST（レガシィ）
2000年代（平12）以降	◆OEM（メーカー組付け）で単筒ガス封入式ショックアブソーバの装着が増加（S2000、トヨタFR車） ◆欧州では電子制御サスペンションの採用が盛んとなる 欧州では電子制御サスペンション（セミアクティブ）が上級車を中心に採用が拡大し、Cセグメントまで波及。	●○2001年：フリクションコントロールSA・ST ●○2001年：比例ソレノイド内蔵式減衰力可変式SA・ST（BMW 7） ●2001年：対角連成SAシステム（X-REAS）（クラウンアスリート） ●2002年：対角連成SAシステム（DRC）（Audi RS6） ●○2002年：電磁粘性（MR）流体SA・ST（MagneRide）（セビル） ●2009年：周波数感応式SA（フーガ） ●2009年：伸圧単独比例ソレノイド減衰力可変SA（BMW 7） ●2010年：ロッドDLC処理、金属ベローズ式単筒ガスSA（LFA）

姿勢制御関係・その他
◆1980年：金属ばね併用空気ばねによるリヤのレベリング（日本初）（レパード）
◆1981年：金属ばね併用空気ばねによる前後軸車高調整（アコード）
■1981年：アクティブサスペンションの発表（ロータス）
◆1982年：金属ばね併用空気ばねによるリヤのレベリング（センチュリー）
◆1982年：車速応減衰力制御（カペラ）
■1982年：セルフレベリング式SA（Volvo 760、Ford Sierra）
■1982年：ハイドロニューマチックサス（シトロエンBX）
◆1983年：減衰力2段切替え電子制御サス（TEMS、AAS）（ソアラ、コスモ）
◆1983年：減衰力、ばね定数2段切替え電子制御サス（ECS）（ギャランΣ）
◆1983年：金属ばね併用空気ばねによるリヤのレベリング（アスカ、クラウン）
□1983年：4輪エアサスペンション（リンカーンMK Ⅶ）
◆1984年：減衰力3段切替え電子制御サス（TEMS）（マークⅡ）
◆1984年：減衰力3段切替え電子制御サス（スーパーソニックサス）（ブルーバード）
◆1984年：4輪エアサスペンション＋位置依存式SA（日本初）（レオーネ）
◆1985年：金属ばね併用空気ばねによる前後軸車高調整（ファミリア4WD）
◆1985年：後輪のトー角電子制御システム（HICAS）（スカイライン）
◆1986年：減衰力、ばね定数3段切替え電子制御エアサス（ソアラ）
■1987年：減衰力3段切替え電子制御サス（EDC）（BMW750i/iL）
◆1987年：可変スタビライザシステム（ミラージュ）
◆1987年：電子制御エアサスペンションの拡大（クラウン、セドリック）
◆1987年：空気圧によるアクティブサスペンション（アクティブECS）（ギャラン）
◆1987年：後輪車高降下システム（ハイゼット）
■1989年：電子制御ハイドロニューマチックサスペンション（シトロエンKM）
◆1989年：油圧アクティブサスペンション（インフィニティ、セリカ）
◆1991年：油圧ジャッキ式車高調整システム（パジェロ）
□1993年：減衰力2段セミアクティブサスペンション（RSS）（キャデラックセビル）
◆1994年：ステップモータによるセミアクティブサス（マキシマ・セフィーロ）
◆1996年：ハイドロニューマチックサスペンション（AHC）（ランドクルーザー）
◆1997年：セルフレベリングSA搭載（日本初）（レグナム、フォレスター）
■1998年：4輪エアサス＋伸圧単独2段減衰力制御（AirMatic）（Benz S-class）
■1999年：アクティブボデーコントロール（ABC）（Benz CL）
■2001年：油圧アクティブスタビライザ（BMW 7 Series、Discovery 3）
◆2003年：前後連成スタビライザシステム（KDSS）（Lexus GX 470）
■2003年：オフロードスタビライザー（ORS）（ポルシェカイエン）
■2005年：電動アクティブスタビライザ（Lexus GS 430）
◆2008年：4輪連成ハイドロニューマチックサスペンション（X-AHC）（Lexus LX 570）
◆2010年：4輪連成サスペンションシステム（HBMC）（日産パトロール）
■2011年：4輪連成サスペンションシステム（プロアクティブシャシコントロール）（マクラーレンMP4-12C）

1980年代に入り、電子制御がサスペンションに取り入れられるようになった。ショックアブソーバの減衰力の制御や、車体姿勢を制御することで、従来のばねとショックアブソーバで構成されるパッシブなシステムに対し、さらに優れた性能を発揮できるようになった。これについては第8章で詳しく解説する。**表1-2**に1900年代後半から現在に至るまでの、各年代別のサスペンション要素機器の変遷を示す。

参考文献

1)　自動車技術ハンドブック＜第5分冊＞設計（シャシ）編：自動車技術会、2005 年
2)　自動車技術史の辞典：樋口健治，朝倉書店、1996 年
3)　新編自動車工学便覧：自動車技術会編、図書出版社、1987 年
4)　新編自動車工学ハンドブック：自動車技術会編、第9版、図書出版社、1984 年
5)　日本の自動車技術 240 選：自動車技術会 HP、http：//www.jsae.or.jp/autotech/
6)　GAZOO 名車館：GAZOO HP、http：//gazoo.com/Meishakan/meisha/meisha_body.asp

第2章　サスペンションの構造と特徴

2.1　サスペンションの基本形式と特徴

　サスペンションの基本形式は大きく分けて二つある。その一つは、**図2-4**のように左右輪をデファレンシャルギヤと一体となった車軸で連結した、固定車軸方式とも呼ばれるリジッドアクスルサスペンションである。車体に車軸を結合するリンク構成の違いにより数種類に分けられ、トラックやSUV、FF車（前輪駆動車）に用いられることが多い。その長所としては、構造が簡単なため耐久性に優れ安価であること、大きな凹凸を走行するときのアライメントや最低地上高の変化が少なく悪路走破性が良いこと、また、スペースが少なくてすむため荷室が広く取れるなどがある。反面、左右輪を一本の車軸で連結しているためばね下重量が重く、また、路面から受けた片方の車輪の動きがもう一方の車輪に影響してしまうことや、構造が簡単であるためアライメントの設計自由度が小さいといったことから、操安性（路面追従性）や乗心地は悪くなるといった短所がある。

　もう一つは、左右輪が独立して運動できる、独立懸架方式とも呼ばれるインデペンデントサスペンションである。ストラット式やダブルウイッシュボーン式、セミトレーリングアーム式、マルチリンク式などがこの分類に属し、乗用車のサスペンションとして主流になっている。長所としては、リジッドアクスルサスペンションのように連結した車軸を持たないため、ばね下重量が軽く、かつ、アライメントの設計自由度が大きいため車輪の接地性を良くでき、操安性や乗心地に優れること、また、サスペンションメンバなどを用いて音や振動の抑制に有利であるといったことが挙げられる。反面、リジットアクスルサスペンションに較べ部品点数が多く一般的に大きなスペースを必要とするばかりか、各部品に対して高い精度も要求され高価になる。また、構造や設計によっては、アライメントの変化が大きくタイヤの摩耗などに不利な場合があるため、乗心地や操安性といった各特性に対して微妙なチューニングが要求されるといった短所がある。

以上、サスペンションの基本形式と一般的な特徴を述べた。しかしながら、形式の違いによってはあてはまらない特徴もあるため、次にそれぞれのサスペンション形式について詳しく説明する。

2.2　リジッドアクスルサスペンション

2.2.1　パラレルリーフ式サスペンション

　リジッドアクスルサスペンションの形式の一つにパラレルリーフ式がある。このサスペンションは、車両進行方向と平行に配置した左右の板ばね（リーフスプリング）が車軸を支えながら、懸架ばねの作用とともに車軸の前後位置を決めるリンクとしての機能を持った構造である。

　図2-1に示すように、重ね板ばねは車体の前後方向に配置され、車軸がそのほぼ中央でUボルトにより結合される。また、板ばねの取り付け部の一端にあるシャックルは、**図2-2①**のように板ばねがたわむことで生ずる長さの変化を吸収するためのものである。シャックルのタイプには、力を受ける向きにより**図2-2①**のようなコンプレッションシャックルと、**図2-2②**のようなテンションシャックルの2種類がある。強度上テンションシャックルの方が有利になるが、取り付け部が複雑になるため、小型トラックを始め多くのトラックではコンプレッションシャックルを用いている。

　このほかにパラレルリーフ特有の動きとして、**図2-3**に示すように駆動トルク、制動トルクによるワインドアップと呼ばれる板ばねの変形がある。この変形は駆動、制動時の車軸回りのトルクにより発生するが、車軸前方にショックアブソーバを配置し、制動時の変形を止めることができる。逆に後方に配置すれば駆動時の変形が止められる。両方を止めるために一方を車軸前方に、他方を車軸後方に配置する方法もある。

　パラレルリーフ式の長所としては、単純な構造であるため低コストで、しかも板ばねは構造部材として丈夫であるため強度面での信頼性の高さが挙げられる。スペースの面でも、ショックアブソーバの配置に工夫が必要となるものの、一般的にフロアを低くすることは容易であるといえる。また、板ばねは、重ねる枚数や長さの組合せにより非線形なばね特性にしやすいため、車重の変化が大きい車では乗心地を損なわず車高の変化を小さくすることができる。

　短所としては、板ばね自体の質量が重いことで接地性が劣り、かつ構造が簡素な

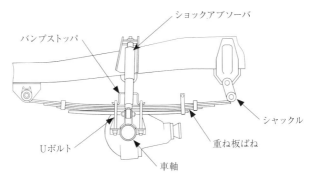

図2-1　パラレルリーフ式サスペンション

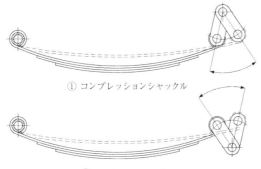

① コンプレッションシャックル

② テンションシャックル

図2-2　コンプレッションシャックルとテンションシャックル

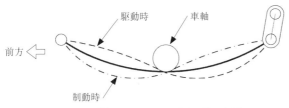

図2-3　リーフスプリングの変形

　反面レイアウトの自由度が小さいため操安性はあまり良好でない。さらに、板ばね
の板間摩擦による等価減衰力が高いことと、車軸の位置決めに必要な強度やワイン
ドアップ抑制のためにばね定数を下げられないことから、乗心地や振動騒音に対し
ても不利である。

　こういった特徴から、パラレルリーフ式サスペンションはトラックなどの商用車
に使用されることが多く、操安性や乗心地の要求が高くなるにつれて乗用車では使
用されなくなっている。

2.2.2 リンク式サスペンション

リンク式サスペンションは、**図2-4**に示すように車体と車軸の位置をリンクで決め、ばねとショックアブソーバは位置決めの機能を持たずに緩衝作用のみを受け持つ構造としたものである。**図2-5**に示すようにリンクの配置によって様々な種類があり、いずれも各々のリンクが車軸に加わる前後力、横力、駆動力や制動力を受け持つように配置されており、SUVに多く用いられている。

その代表的なリンク構成としては、**図2-5**①に示すハの字型4リンクと②に示すラテラルロッド付4リンクであり、③〜⑤に示す構成はこれらの応用形である。以下に代表的な二つのリンク構成について説明する。

①のハの字型4リンク構成では、車体の前後方向に平行に配置された2本のロアリンク（図中の黒で示す部分）が前後力を主に受け持ち、ハの字に配置されたアッパリンク（図中の白で示す部分）が横力に加え前後力も受け持っている。また、駆動や制動によるねじれ力は、ロアリンクとアッパリンクの両方で受け持つことになる。

②のラテラルロッド付4リンクでは、車体の前後方向に平行に配置された4本のロアリンクとアッパリンクが前後力とねじれ力を、後部に設置されたラテラルロッド（パナールロッドともいう）が横力を受け持つように構成されている。ただし、車軸が上下に動くと、ラテラルロッドの車軸側の取り付け点は車体側の取り付け点を中心に円弧を描くことになり、その分だけ車体と車軸に横方向の相対的な動きが

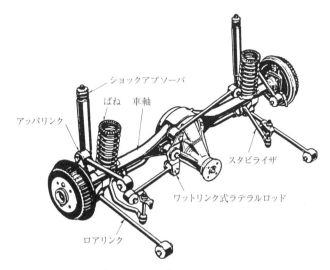

ショックアブソーバ
ばね　車軸
アッパリンク
スタビライザ
ワットリンク式ラテラルロッド
ロアリンク

図2-4　リンク式サスペンション[1]

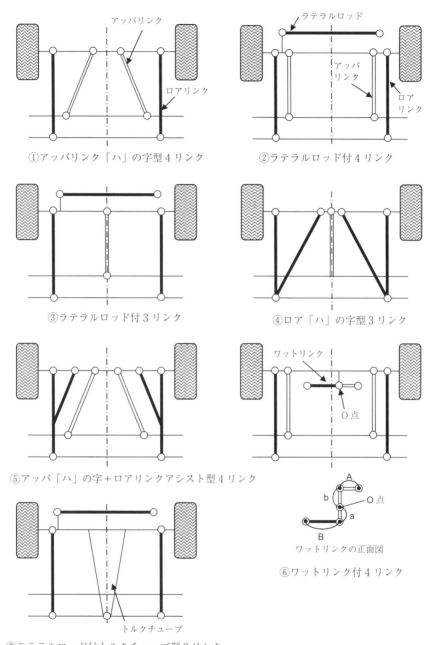

①アッパリンク「ハ」の字型4リンク

②ラテラルロッド付4リンク

③ラテラルロッド付3リンク

④ロア「ハ」の字型3リンク

⑤アッパ「ハ」の字＋ロアリンクアシスト型4リンク

⑥ワットリンク付4リンク

ワットリンクの正面図

⑦ラテラルロッド付トルクチューブ型2リンク

図2-5 リンク式サスペンションのモデル図

生じてしまう。これを防ぐためにはラテラルロッドをできるだけ長くするのが好ましいといえる。

　また、図2-5 ⑥に示すリンク構成は、横力を受け持つワットリンクに特徴がある。ワットリンクは、蒸気機関の発明者であるジェームズ・ワットが発明した機構で、ラテラルロッドを2本に分割してZ字型に車体と車軸を結合している。そこで、各々のリンクの長さをＡ：Ｂ＝ａ：ｂに設定しておけば、車軸が上下した時のＯ点は垂直運動し横方向の動きは生じないため、②で述べたラテラルロッドの欠点を補うことができる。また、このワットリンクを車軸の前後方向の位置決めに用いることもできる。⑦のトルクチューブ型は、車軸のねじれ力をトルクチューブで受け持つものである。

　どのリンク構成においても、ばねとショックアブソーバは別置き、一体（同軸）にかかわらず車軸付近の左右端にほぼ直立した姿勢で取り付けられる。

　リンク式はパラレルリーフ式に比べると、軽量でタイヤの接地性が良いことに加え、レイアウトの設計自由度があるため操安性は良い。また、ばね定数を低く設定できることと、車軸に加わる各力の受け持ちがリンクごとに分担されていることから、例えば車体前後方向の剛性だけを低くしてハーシュネスを抑え、乗心地を良くすることも可能である。しかし、パラレルリーフ式に比べると部品点数が多くコスト高になってしまう。そのほか、車軸の上下動に対する各リンクの動き、共振、ゴムブッシュの信頼性など注意しなければならない点がある。

2.2.3　トーションビームアクスル式サスペンション

　リジッドアクスルサスペンションの中で、主に軽量FF車のリヤサスペンションに適した形式としてトーションビームアクスル式がある。その構造は図2-6に示すように簡単で、左右の車軸を連結したビーム（アクスルビームと呼ぶ）と、その両端に剛体結合したトレーリングアーム、ラテラルロッドで構成されている。左右のトレーリングアームは、車軸の前後方向の位置を保持するため、前後方向の力に対しては十分な剛性を有しているが、ねじれ方向に対してはある程度の軟らかさを持たせてある。同様にアクスルビームもねじれるようになっている。ラテラルロッドは車軸の横方向の位置決めをしており、ばねとショックアブソーバはビームの両端付近に設置されている。

　この方式のバリエーションに左右輪を連結するビームが車軸上にないものがある。図2-7 (1)はトレーリングアームのピボット側をビームで連結したタイプであ

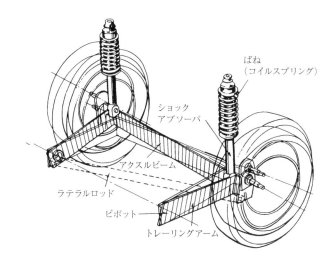

ばね
（コイルスプリング）

ショック
アブソーバ

アクスルビーム

ラテラルロッド

ピボット

トレーリングアーム

図2-6　トーションビームアクスル式サスペンション

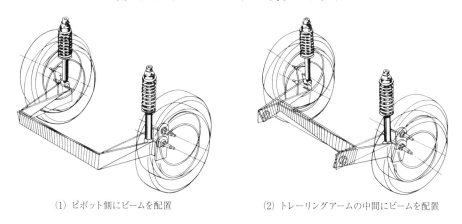

（1）ピボット側にビームを配置　　　　　（2）トレーリングアームの中間にビームを配置

図2-7　トーションビーム式のバリエーション

り、左右輪が逆方向に上下したときにねじれるのは連結しているビームだけになる。
図2-7 (2) はトレーリングアームの中間にビームを配置したものであり、ねじれは
連結したビームとビームより前方のトレーリングアームで発生する。この２種類の
構成においては、トレーリングアームの剛性が横方向の力も受け持つためラテラル
ロッドを必要としない。

　これら構成の違いをタイヤのアライメント変化からみると、**図2-7 (1)** のような
トレーリングアームがねじれない構造では、サスペンションが上下動しても対ボ

デーキャンバが変化しない。すなわちボデーに対するタイヤの傾きが変らないことになる。一方、**図2-6**のようなトレーリングアームがねじれる構造では、ねじれた分がキャンバ変化になってしまう。しかし、この変化量は**図2-7(2)**の構造のようにトレーリングアームの中間にビームをつけることにより調整することもできる。また、横力に対する剛性を高めるため、車軸上にラテラルロッドを設けるとともにアクスルビームを車軸の後に設置したものもある。さらに**図2-8**に示すのは、後述するトーコントロール機構を持ったものである。

長所としては、上述のようにその構成にはいろいろな応用形があるものの、いずれも構造が簡単で低コストであることや、ばねやショックアブソーバの配置のしかたで比較的フロアを低く、かつ広くできること、また、ビームが車輪の左右逆方向の上下動でねじられる構造であるため、逆にビームの硬さでロール剛性を調整できることが挙げられる。

しかし、サスペンション全体を車体に結合している部分が前方の2点だけであるため、結合部のゴムブッシュの剛性を高めなくてはならず、ハーシュネス等を下げるのが困難であるといえる。さらに、前後方向と横方向の力がこの2点の結合部に加わるため、ブッシュのたわみによりバランスを崩してしまう恐れがある。

2.3　インデペンデントサスペンション

2.3.1　スイングアクスル式サスペンション

左右の車軸が**図2-9**に示すように車体中心付近で結合され、この結合点を中心に車輪が左右独立して上下動するようにしたサスペンションをスイングアクスル式という。

懸架ばねとショックアブソーバが車軸の上に設置されているといった極めて単純な構成であるため、軽量であるとともに低コストな方式である。また、懸架ばねとショックアブソーバの配置を工夫すれば、フロアを低くでき、かつ広くすることができるといった利点もある。

しかしながら、上下に揺動する車軸と車輪が固定されているため、車軸が揺動した角度変化がそのままタイヤのキャンバ変化になってしまうといった欠点を持つ。例えばこのサスペンションをリヤに使用して旋回した場合、横加速度が小さくロール量が少ないときには、**図2-10①**のように車輪のキャンバ変化がアンダステア方向になる。一方で、横加速度が大きくロール量が多いと車体が浮き上がり、図

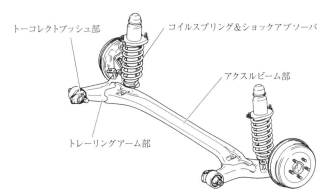

トーコレクトブッシュ部　　　　　コイルスプリング＆ショックアブソーバ

アクスルビーム部

トレーリングアーム部

① トーションビームアクスル式サスペンションの構造

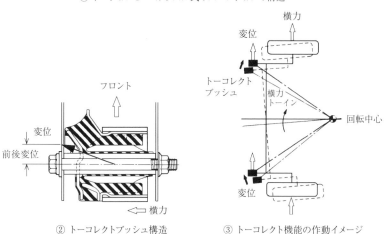

フロント

変位

前後変位

横力

② トーコレクトブッシュ構造

横力

変位

トーコレクト
ブッシュ

横力
トーイン

回転中心

変位

③ トーコレクト機能の作動イメージ

図2-8　トーコントロール機構を持つトーションビーム式

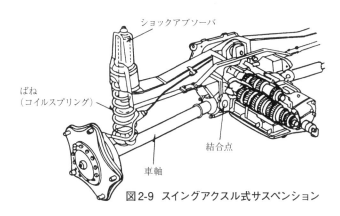

ショックアブソーバ

ばね
（コイルスプリング）

結合点

車軸

図2-9　スイングアクスル式サスペンション

2.3　インデペンデントサスペンション　　33

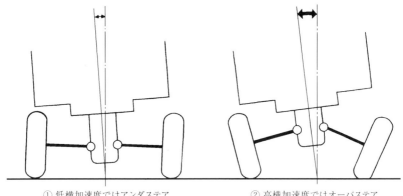

① 低横加速度ではアンダステア　　　② 高横加速度ではオーバステア

図2-10　ステア特性の変化

2-10②のように外輪側のキャンバ変化が前述と逆になりオーバステア方向になりやすくなる。つまり、旋回時の横加速度の大小、すなわち車体のロール量によるステア特性変化（ロールステア）が大きくなってしまうため、操安性の面で不利な構造であるといえる。ロールステアに対しては車軸を長くし、結合点を下げると効果的であるとの考えで、1950年にダイムラーベンツが「ローピボット・シングルジョイント」方式を考案したものの、完全に解決することはできなかった。

2.3.2　トレーリングアーム式サスペンション

　トレーリングアーム式サスペンションとは、前述のスイングアクスル式と同様にスイングアームを用いて左右の車輪が独立して上下動するサスペンション形式の一つであるが、スイングアクスル式と異なりアームの回転軸（ピボット軸）が車軸の前にあることから「トレーリング」と呼ばれている。これはリヤ専用のサスペンションで、車軸前方で車体と結合されるアーム回転軸が、車体中心線と直角、言い換えれば車軸と平行に配置されたものをフルトレーリングアーム式、車体中心線に対して斜めに配置されたものをセミトレーリングアーム式という。

(1) フルトレーリングアーム式サスペンション

　この方式では、**図2-11**のように車体中心線に対して直角なピボット軸と車軸を結んだアームが車軸の前後方向と横方向の位置を決めており、ピボット軸は車体に直接結合する方法と、車体に取り付けたサスペンションメンバを介して結合する方法がある。また、ばねとショックアブソーバは別置き、もしくは一体（同軸）のい

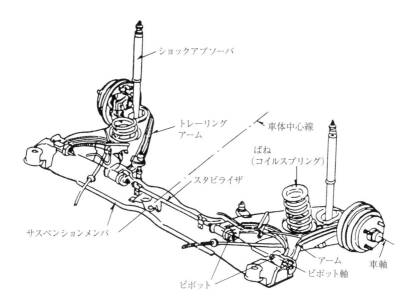

ショックアブソーバ

トレーリング
アーム

車体中心線

ばね
(コイルスプリング)

スタビライザ

サスペンションメンバ

アーム
ピボット軸

車軸

ピボット

図2-11　フルトレーリングアーム式サスペンション

ずれかの構成で車軸付近に直立して取り付けられる場合が多い。

　アームは車体中心線と直角なピボット軸、すなわち車軸と平行な軸を中心にして揺動するため、理論上ではサスペンションが動いても車軸は車体に対して常に決められた角度を保持できるといった特徴がある。したがって、車体に対するキャンバ変化やトー変化がないことが挙げられるとともに、ショックアブソーバに加わる曲げ応力が小さいため、フリクション(摺動抵抗)が小さく乗心地が良いことや、スペース的に有利で室内空間を広く取れることなどが長所として挙げられる。

　短所としては、ロールしたときの対地キャンバ変化が大きいこと。また、アームのピボット軸に対し車軸が後方に位置するため、横力や前後力が加わると取り付け点回りのモーメントが大きくなり、取り付け部の柔軟性によるトーアウト(コンプライアンスステア)が発生することや、横力に対するキャンバ剛性が低く強度面で不利であることなどが挙げられ、これらは操安性に対してマイナスの要因となる。

　日本では、前述の長所から初期の前輪駆動車にこの方式が採用されていた。しかしながら、間もなくトーションビーム式やストラット式などに取って代わられ、今ではこのサスペンションを採用している車両はわずかである。

(2) セミトレーリングアーム式サスペンション

　この方式は、かつて後輪駆動車のリヤサスペンションとして多用されていた。通

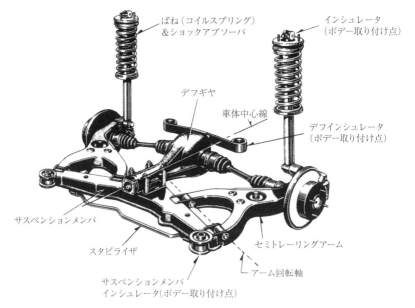

図2-12　セミトレーリングアーム式サスペンション

　常、**図2-12**のようにアームは前方にあるサスペンションメンバに結合され、サスペンションメンバはゴムのインシュレータ（サスペンションインシュレータ）を介してボデーに固定されている。また、デファレンシャルギヤケース（デフギヤ）は、その前部がサスペンションメンバに取り付けられ、後部はデフインシュレータを介してボデーに取り付けられる。これらのインシュレータは、タイヤからの振動やデフギヤからの振動が車体に伝わるのを遮断するためのものであり、さらにデフインシュレータにおいては、加速時の駆動トルクによりメンバ全体が持ち上がる（ワインドアップ）ことで発生する打音の抑制も担う。

　このサスペンション特性は、**図2-13**に示すアーム回転軸の後退角が大きくなるほどスイングアクスル式に近い性格となり、反対に後退角が小さくなるほどフルトレーリングアーム式の性格に近づく。また、下反角（車両後方より見て外側のピボットが若干下がった角度）を設けることで、アームの上下動に対してサスペンションのジオメトリを変化させることができる。つまり、旋回時のロールによって外輪のサスペンションが縮むと、キャンバ角がネガティブ方向に、トーはイン方向に変化する設定にすることでアンダステア方向となり、旋回中の車両の動きが安定する方向に作用させることができる。このように、アームの回転軸の後退角や下反角を調整することで、ジオメトリ変化をある程度自由に設定できるといった利点がある。

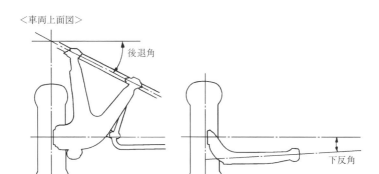

<車両上面図>

後退角

下反角

●後退角　　　　　　　　　●下反角

図2-13　セミトレーリングアーム式の後退角と下反角

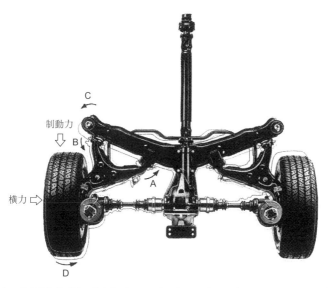

C

制動力

B

A

横力

D

⇨のような入力があったとき、A、BのゴムブッシュとCのサスペンションメンバインシュ
レータは➡（A、B、C）の方向に変形する。これにより、ホイールは矢印（D）の方向に転
舵される。このゴムブッシュの変形による点舵現象をコンプライアンスステアと呼ぶ。

図2-14　セミトレーリングアーム式のコンプライアンスステア

　一方で、**図2-14**のようにアーム回転軸が車軸より前方に位置するため、旋回時
の遠心力による横力や制動力が車軸に加わると、アーム回転軸の取り付け点回りの
モーメントが発生し、アームを車両中央方向へ回転させてしまうといった弱点を併
せ持つ。このモーメントは車輪をトーアウトの方向に作用するため、アーム回転軸

取り付け部のブッシュやサスペンションメンバインシュレータのコンプライアンスによりタイヤのスリップアングルが減少することでオーバステア方向になり、旋回中の車両の動きが不安定となる方向に作用してしまうことになる。

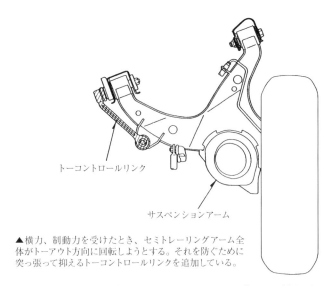

トーコントロールリンク

サスペンションアーム

▲ 横力、制動力を受けたとき、セミトレーリングアーム全体がトーアウト方向に回転しようとする。それを防ぐために突っ張って抑えるトーコントロールリンクを追加している。

図2-15　トーコントロールリンク付セミトレーリングアーム（事例1）

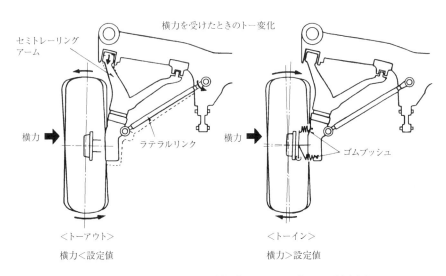

横力を受けたときのトー変化

セミトレーリングアーム

横力

ラテラルリンク

＜トーアウト＞

横力＜設定値

横力

ゴムブッシュ

＜トーイン＞

横力＞設定値

図2-16　トーコントロールリンク付セミトレーリングアーム（事例2）

しかしながら、振動の遮断に対しては低コンプライアンスの方が望ましいため、前述の車両の安定化とは相反する方向にある。したがって、その対応方法として**図2-15**に示すようなトーコントロールリンクを追加することがある。また**図2-16**のように、ハブに設けたゴムブッシュによって、横力が小さいときにはトーアウト方向になり、大きな外力がホイールに加わるときには常にトーイン方向になるといったトーコントロール機構を有すものもある。

セミトレーリングアーム式サスペンションは1961年にBMWから登場し、乗用車のリヤサスペンションとして世界中に拡がった。日本でも、1969年式ブルーバードを初めとして次々に採用され、ほとんどの後輪駆動車の独立懸架式リヤサスペンションはこの方式を採用していた。しかし、今日では、乗心地や操安性に対する要求が高まり、より高価で複雑なダブルウイッシュボーン式やマルチリンク式サスペンションが一般的になった。かつて一世を風靡したセミトレーリングアーム式は、後輪駆動車の減少とともに影を潜めてしまった。

2.3.3　ストラット式サスペンション

ショックアブソーバを車軸の位置決めのための支柱（ストラット）として利用しているサスペンション方式をストラット式という。

図2-17に示すように、ストラット上端はゴム製のインシュレータを介してボデーに固定され、反対に下端はスピンドルやアクスルハウジングに剛体結合されている。そして、そのスピンドルは、車体とゴムブッシュを介して2点の回転軸で結合するトランスバースリンク（ロアアーム）の先端にボールジョイントを介して取り付けられる。フロントにおいては、タイヤを転舵するためスピンドルは回転できるようになっており、ステアリングギヤから伸びたタイロッドでスピンドルを揺動させることでタイヤは転向される。

フロントのトランスバースリンクは、**図2-17**のようにL型やI型＋テンションロッド型、A型などの種類がある。リヤの場合には、**図2-18**のように横方向の位置を決めるリンクと前後方向の位置を決めるリンクを用いるのが一般的である。これらのリンクのジオメトリは、車両によってまちまちであるが、タイヤに外力が加わったときのコンプライアンスステアによってトーイン方向に変化するように配置されている。

ストラット式の長所として、大きく次の三つが挙げられる。まず一つ目はエンジンルームを大きく取れることで、特にエンジンを横置きにする前輪駆動車では有利

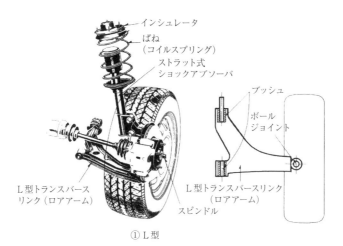

インシュレータ

ばね
（コイルスプリング）

ストラット式
ショックアブソーバ

ブッシュ

ボール
ジョイント

L型トランスバースリンク
（ロアアーム）

L型トランスバース
リンク（ロアアーム）

スピンドル

① L型

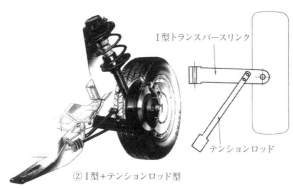

I型トランスバースリンク

テンションロッド

② I型＋テンションロッド型

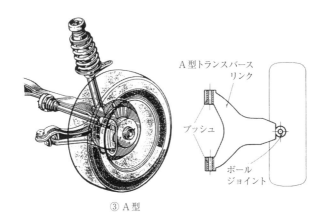

A型トランスバース
リンク

ブッシュ

ボール
ジョイント

③ A型

図2-17　ストラット式フロントサスペンションの例

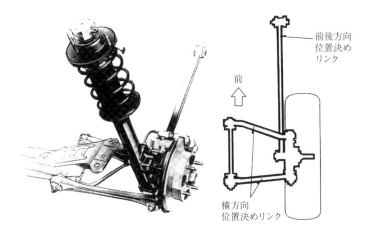

図2-18　ストラット式リヤサスペンションの例

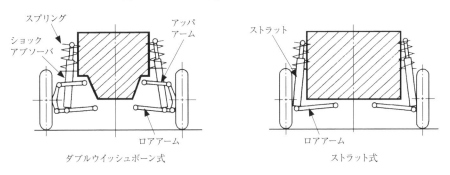

ストラット式の方が車内空間を広く取りやすい

図2-19　ストラット式とダブルウイッシュボーン式の車内空間の違い

　な点といえる。**図2-19**のようにストラット式でない独立懸架サスペンションでは、キャンバ方向の位置を決めるためにアッパーアームが必要になり、その空間が犠牲になってしまう。しかし、ストラット式では、ショックアブソーバがアッパーアームの役割を果すため車室空間を大きく取れる。二つ目としては、車体側のピボット点の間隔が大きいため強度的に有利であるとともに、アライメントの製造誤差が小さくできること。そして三つ目は、構造が簡単なためコストや重量で有利なことである。

　一方、**図2-20**のようにストラット軸と荷重入力軸（タイヤ接地点とストラットアッパマウント点を結んだ軸）がずれていることや、車軸に加わる横力や前後力によってストラットに曲げモーメントが発生するといった欠点がある。この曲げモーメン

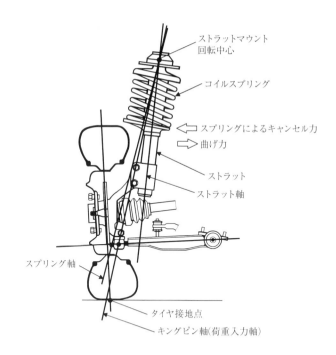

図2-20 ストラット式のスプリングオフセット

トは、ショックアブソーバの摺動部に反力を生じさせるため、フリクションが増大し乗心地の悪化につながってしまう。その改善策として、ストラット軸に対して懸架ばねをオフセットさせて曲げモーメントをキャンセルする方法、ストラット内の軸受部とピストン部に低摩擦材を使用する方法などが取られている。

　ストラット式は、独立懸架式サスペンションを比較的低コストで実現できることから、ほとんどの小型乗用車や軽自動車のフロントサスペンションに採用されており、今後も主流を占めるサスペンション形式の一つであると考えられる。

2.3.4　ダブルウイッシュボーン式サスペンション

　かつて、独立懸架式フロントサスペンションの主流はダブルウイッシュボーン式であった。しかし、ストラット式の登場によって、多くの乗用車のフロントサスペンションはストラット式へ移行した。ところが近年、より高レベルな乗心地や操安性を要求する車種については、ジオメトリ変化、コンプライアンスチューニングなどの設計自由度が高いダブルウイッシュボーン式が、フロントだけでなくリヤにも

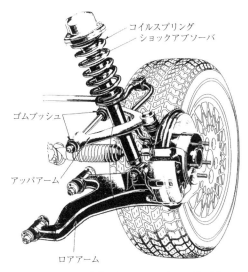

コイルスプリング
ショックアブソーバ

ゴムブッシュ

アッパアーム

ロアアーム

図2-21　ダブルウイッシュボーン式の例

採用され始めてきた。

　図2-21にダブルウイッシュボーン式の例を示す。下側のアームは前述したスト
ラット式のロアアームとほぼ同じ構造である。上側は、両端にゴムのブッシュが付
いたＡ型、あるいはＩ型のアームで車体側と車軸側を連結しており、多くの場合、
アームのピボット部は車体に取り付けたサブフレームに結合される（一部ボデーへ
直接マウントされているものもある）。サブフレームと車体は、通常４ヵ所でイン
シュレータを介して結合されている。懸架ばねとショックアブソーバは、サスペン
ションストロークをできるだけ長くするためロアアームと車体の間に取り付けられ
る。これらのリンクの取り付け長さや取り付け位置、回転軸の傾きを調整して、サ
スペンションのストロークに対するキャンバ変化、ロールセンタ高さ、アンチダイ
ブやアンチスクワットジオメトリなどが最適になるように設定する。

　この方式の長所として、前述のように設計自由度が大きいことが第一に挙げられ
る。そのほかには、ショックアブソーバにストラット式のような曲げモーメントが
加わらないため、フリクションを小さくでき乗心地に有利であること。また、サブ
フレームにリンクを設けるため、サスペンション剛性の確保と振動の絶縁を両立さ
せやすいことなども挙げられる。しかしその反面、リンクなどの部品数が多く複雑
になるため、位置決めに高い精度が要求されるとともに、コスト的にも重量的にも
不利であるといえる。

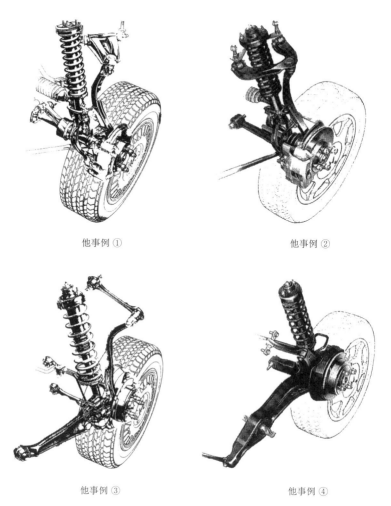

他事例 ①　　　　　　　　　　　　　　　　他事例 ②

他事例 ③　　　　　　　　　　　　　　　　他事例 ④

図2-22　ダブルウイッシュボーン式の他の事例

　また、ウイッシュボーンの名称は鳥の胸骨の形に似ていることに由来しているが、**図2-22**の事例のように一見しただけでは分からない形状をしている場合も多い。

　なお、1ボックス車や小型トラックなどの商用車のフロントにも、**図2-23**のようなダブルウイッシュボーン式を採用しているケースが多く見られる。その理由としては、サスペンションのすぐ上に乗員席を配置しなければならない制約に対して、サスペンション強度が比較的得やすいことや床面を低くできるなどのメリットがあるためである。

アッパアーム

横置き
リーフスプリング

アッパアーム上部が乗員席。上下方向のスペースを少なくするため横置きリーフス
プリングを使用している。同様の考えでトーションバーを使用している例もある。

図2-23　商用車のダブルウイッシュボーン式サスペンションの例

2.3.5　マルチリンク式サスペンション

　マルチリンク式サスペンションは、前述のダブルウイッシュボーン式と同様、乗
心地や操安性をより高いレベルにすべく開発されたサスペンションで、主に高性能
なFF車（前輪駆動車）やFR車（後輪駆動車）のリヤサスペンションに採用されてい
る（**図2-24**）。ダブルウイッシュボーン式が上下二つのアームで構成されるのに対
し、マルチリンク式は4本から5本の独立したリンクで成るところに違いがあるも
のの、その機能上で両方式は明確な区別をつけ難く、各カーメーカの判断によって
どちらの方式で呼ぶかを決めているようである。

　その構造としては、車軸を複数のリンクで位置決めしており、各リンクはブッシュ
を介してサブフレームに結合するものが多い。サブフレームは、ダブルウイッシュ
ボーン式と同様にインシュレータを介して多くの場合4ヵ所で車体に固定される。
各リンクの配置は車種ごとにまちまちであるものの、ジオメトリ変化とコンプライ
アンスを最適化しようといったねらいは同じであり、具体的には次の項目が挙げら
れる。

　①対地キャンバ変化をなくし、車体がロールした場合でも常にタイヤを直立させ
　　る。これは近年のタイヤの幅広化、扁平化において非常に重要な特性である。

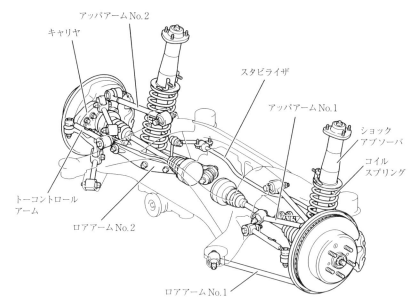

アッパアーム No.2

キャリヤ

スタビライザ

アッパアーム No.1

ショック
アブソーバ

コイル
スプリング

トーコントロール
アーム

ロアアーム No.2

ロアアーム No.1

図2-24　マルチリンク式サスペンションの例

②サスペンションがストロークしたときのトー変化やロールステアを抑え、不整路面の走行でも直進性を悪化させない。また、タイヤの摩耗を抑制する。

③サスペンションがストロークしたときのタイヤ間距離（トレッド）の変化を抑え、不整路面の走行でも直進性を悪化させず、かつ乗心地を良くする。

④旋回時に重心が持ち上がり対地キャンバが減少するといったジャッキアップ現象をなくし、操安性の悪化を防ぐ。

⑤加減速時に車体が持ち上がったり、あるいは沈み込んだりしないように姿勢を安定させる（アンチダイブ、アンチスクワット）。

⑥タイヤに前後力、横力、上下力が作用したときのコンプライアンスステアをアンダステア傾向にして、車両の動きを安定方向にする。

⑦前後方向のコンプライアンスを適正にして、ロードノイズ、ハーシュネスなどを減少させ乗心地を良くする。

⑧サスペンションの剛性を確保し、タイヤに加わる横力などによるキャンバ角変化などを発生させない。

　これら操安性と乗心地を高いレベルで両立させるように、リンクの長さや取り付け位置、角度、ブッシュの硬さなどが設定される。マルチリンク式サスペンション

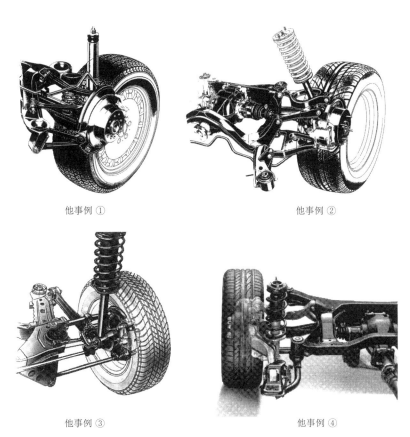

他事例 ①

他事例 ②

他事例 ③

他事例 ④

図2-25　マルチリンク式サスペンションの他の事例

の他の事例を**図2-25**に示す。

　マルチリンク式はダブルウイッシュボーン式と同じく、その構造が複雑であることから各部品に高い精度が必要になるため、高コストや重量増になるなどの短所がある。しかし、他のサスペンション形式ではなし得なかった前述の要求性能を高度にバランスさせて成立させられるので、現在では、マルチリンク式が最も進んだサスペンション形式であると考えられており、今後もさらに高性能を目指して進化していくであろう。

参考文献
1)　小口泰平：自動車工学全書、第11巻、1980年、山海堂
2)　モーターファン、1987年6月号、三栄書房

第3章　サスペンションの性能と基礎理論

3.1　概要

　ドライバが安全でかつ快適に自動車を運転するためには、自動車がドライバの意のままに「走る」、「曲がる」、「止まる」という基本機能を満たしていることが不可欠である。

　この基本機能の充足度により、車両性能の良否が決定される。基本機能の充実は広範囲な基礎技術の確立と、先端技術を追い求める技術革新によってもたらされる。

　基本機能のすべてに関連するサスペンションについても例外ではなく、その技術革新には近年著しいものがある。サスペンションは前記三大基本機能に加え、乗る人の感性にも大きく影響を与え、それによって乗る人の車両に対する印象を大きく変えてしまう要素も持っている。最近では、特に乗る人の立場からの操縦性・安定性（操安性）、快適性を追求する研究開発に重点が移ってきている。

　サスペンションは、快適性については振動、乗心地として評価され、基本機能の「走る」、「曲がる」、「止まる」については、操安性として評価される。

　乗心地の評価については、過去の経験の積み重ねにより、乗る人の受ける上下加速度の大小で判断できることが早くから明確にされてきた。したがって、自動車以外の分野と同様に振動モデルの解析が進み、理論が比較的高度に確立されてきている。

　一方、操安性の評価についてはいろいろな試験法はあるものの、その良否の判断は特殊技能を持った評価ドライバの経験と感覚に頼ることが多かった。また、その特性はサスペンション形式によって大きく変化し、一般的なモデル化表現がしにくい面があった。近年サスペンション形式ごとのモデル化やシミュレーション技術が進化し、運動性能についてもかなり精度よく計算ができるようになったが、人の介在する特性なので、感覚との関連性などまだ研究すべき点も多い。

　サスペンションは、よく人の足腰に例えられる。技術の進歩は近い将来、人の足腰と同様に走行状況に応じて最適に作用させる頭脳と神経を備え、ドライバの意のままになるようなサスペンションを誕生させることができるようになるだろう。し

かし、その進化をなし遂げるためには、基本を知らなければならない。そこで本章では、基礎理論ということで乗心地と操安性という二つの項目に大別して解説する。乗心地では、サスペンション形式にかかわらず上下振動モデルとしてとらえ、振動解析面に重点を置いて理論式も記述する。操安性については、サスペンション構成要素、サスペンション形式が、基本性能の「走る」、「曲がる」、「止まる」に与える影響について、定性的な面を重点に説明する。

3.2　自動車の振動と乗心地

3.2.1　路面の凹凸による上下振動

(1) 振動伝達経路

　車両が走行しているとき、乗員はいろいろな振動を受ける。図3-1にドライバに伝達される振動とその伝達系の代表例を示すが、最大の振動となり得るのは走行中の路面の凹凸による振動である。人の乗心地を中心に考える場合、振動源とその伝達経路を解析していく必要がある。

(2) 路面

　路面の凹凸は一般には不規則であり、周期性がない。このような変動量はパワースペクトル密度で表すことができる。路面の空間周波数(単位長さ当たりの波の数)Ωに対するパワースペクトル密度$S(\Omega)$は、両対数目盛り上で、直線でうまく近似できる。図3-2にISO 8608の路面区分を示す。この関係は次式で表される。

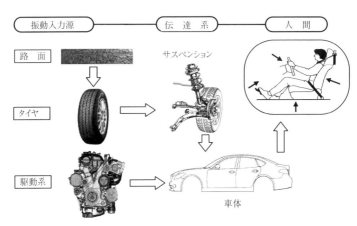

図3-1　振動伝達経路

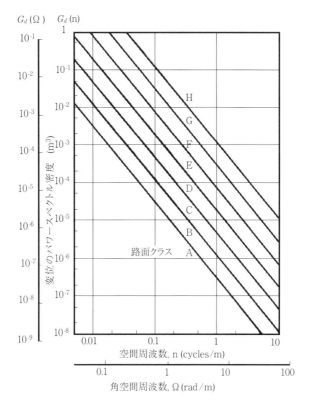

$G_d(\Omega)$ $G_d(n)$

図3-2 ISO 8608路面区分[1)]

$$S(\Omega) = S_0(\Omega_0) \left(\frac{\Omega}{\Omega_0} \right)^{-W} \qquad\qquad \cdots\cdots (3\text{-}1)$$

ここでΩは空間周波数（Spatial frequency）といって波長の逆数であり、車速を乗ずると時間周波数になる。また、Ω_0は基準となる空間周波数を表す。$S_0(\Omega_0)$はΩ_0における高さ（大きさ）を表し、これが大きいものほどパワースペクトルが全体に大きくなることから、路面の粗さの尺度となる。

Wは直線の傾きを表し、これが大きいほど低周波成分（長波長成分）が相対的に多くなることから、路面の凹凸の波状特性を表す尺度となる。

このような路面を車速V(m/s)で走行する場合、時間周波数fに対するパワースペクトル密度$R(f)$は次式で表される。

$$R(f) = \frac{1}{V} S \left(\frac{f}{V} \right) \qquad\qquad \cdots\cdots (3\text{-}2)$$

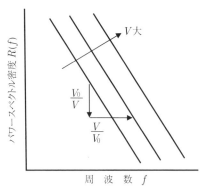

図3-3 車速によるパワースペクトル密度の変化

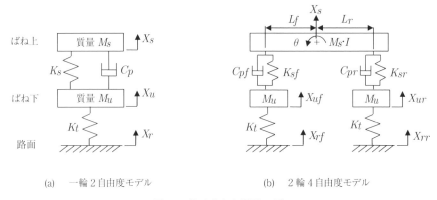

(a)　一輪2自由度モデル　　　　　　　　(b)　2輪4自由度モデル

図3-4　簡略化した振動モデル

　(3-2)式より入力パワースペクトル密度 $R(f)$ は路面粗さに比例し、車速 V を増すことは路面粗さを増すことと等価になる。**図3-3**は車速によるパワースペクトル密度の変化を示したものである。

　また、路面状況を、車速を用いて路面振幅に変換できる。周波数 f を刻み Δf 毎に分割、その一つの中心周波数を f_n とすると f_n の振幅 X_n は、

$$X_n = \sqrt{2R(f_n)\Delta f} \qquad\qquad \cdots\cdots (3\text{-}3)$$

で求めることができる。

　これにより不規則な路面の形状も時間周波数に対する振幅という定量値で表現でき、振動解析の上で入力条件として扱うことができる。

(3) 車両モデル

　一般にサスペンションによる振動は4輪－7自由度の振動モデルで表されるが、

これをまともに解析的に解いていくのは非常に困難である。この複雑な挙動を解析するには、具体的な値を用いて、数値シミュレーションを行なうのが一般的である。しかし、数値シミュレーションでは計算できても、なぜそのような特性になるのか、因果関係を明確にすることはできない。したがって、モデルを簡略化して解析することがよく行なわれる。

図3-4は簡略化したモデルの一例で、(a)は1輪のみを対象としたモデル、(b)はピッチやロールの連成まで考えたモデルである。制動や駆動、旋回など、車体に慣性力が作用する場合に限定して考える場合には、さらにばね下質量やタイヤのばね作用を省略した1自由度振動モデルも用いられる。ここでは図3-4(a)のモデルの特徴について説明する。

図中M_sはばね上(車体)質量、K_sは懸架ばね定数、C_pはショックアブソーバの減衰係数、M_uはばね下(車輪)質量、K_tはタイヤのばね定数に相当する。X_r、X_u、X_sはそれぞれ路面、ばね下、ばね上の変位を意味する。

(a) 1輪モデルと設計パラメータ

ここでサスペンション設計上選択可能なパラメータは次の三つである。

①サスペンションの剛性

サスペンションの剛性はばね定数K_sで表すが、揺れ方は質量M_sとの関係で決まるので、ばね上(車体)の固有振動数f_nまたはω_nを用いることが多い。

$$f_n = \frac{1}{2\pi}\sqrt{\frac{K_s}{M_s}} \qquad \cdots\cdots (3\text{-}4)$$

$$\omega_n = \sqrt{\frac{K_s}{M_s}} \qquad \cdots\cdots (3\text{-}4)'$$

②ショックアブソーバの減衰係数

ショックアブソーバの減衰力の大きさは減衰係数C_pで表すが、減衰の程度はM_sとK_sとの関係で決まるので、無次元化した減衰係数比ζを用いる。

$$\zeta = \frac{C_p}{2\sqrt{M_s K_s}} \qquad \cdots\cdots (3\text{-}5)$$

ここで$2\sqrt{M_s K_s}$は臨界減衰係数と呼ばれ、通常C_cと記述する。

③ばね下質量

正確には車体(ばね上)質量に対するばね下(車輪)質量の比である。

①、②のパラメータについては、比較的広範囲の選択が可能であるが、③については、余り大きく変えることはできない。③は一般には小さい方が望ましく、通常の車では0.12〜0.20程度である。

以上より乗心地については、サスペンションの剛性とダンパの減衰力をいかに選ぶかが課題となる。ただし、タイヤの特性も影響を及ぼすことはいうまでもない。

（b）乗心地の評価量と各パラメータの影響

　乗心地の評価はばね上の上下加速度で行なうということは前記したが、**図3-4（a）**のモデルより評価量を求めてみる。運動方程式は次式のようになる。

$$M_s\ddot{X}_s = -K_s(X_s - X_u) - C_p(\dot{X}_s - \dot{X}_u) \qquad \cdots\cdots (3\text{-}6)$$

$$M_u\ddot{X}_u = -K_t(X_u - X_r) + K_s(X_s - X_u) + C_p(\dot{X}_s - \dot{X}_u) \qquad \cdots\cdots (3\text{-}7)$$

　路面入力に対するばね上加速度の伝達特性は、(3-6)、(3-7)式をラプラス変換して、伝達関数 $H(s)$ より求めることができ、次式のようになる。

$$H(s) = s^2 \frac{X_s(s)}{X_r(s)} = s^2 \frac{C_p s + K_s}{M_s s^2 + C_p s + K_s} A(s) \qquad \cdots\cdots (3\text{-}8)$$

$$\text{ただし、} \quad A(s) = \frac{K_t}{M_u s^2 + C_p s + K_t + K_s - \frac{(C_p s + K_s)^2}{M_s s^2 + C_p s + K_s}}$$

　(3-8)式は、右辺第1項はばね下を考慮しない1自由度振動モデルの伝達特性であり、第2項はそのモデルに対する補正項となる。ここで、$\omega_{n1}{}^2 = K_s/M_s$、$\omega_{n2}{}^2 = K_t/M_u$、$\zeta = C_p/(2\sqrt{M_s \cdot K_s})$、$\mu = M_s/M_u$ と置くと (3-8) 式は (3-9) 式に書き換えることができる。

$$H(s) = s^2 \frac{2\zeta\omega_{n1}s + \omega_{n1}{}^2}{s^2 + 2\zeta\omega_{n1}s + \omega_{n1}{}^2} A(s) \qquad \cdots\cdots (3\text{-}9)$$

$$A(s) = \frac{\omega_{n2}{}^2(s^2 + 2\zeta\omega_{n1}s + \omega_{n1}{}^2)}{(s^2 + 2\mu\zeta\omega_{n1}s + \omega_{n2}{}^2 + \mu\omega_{n1}{}^2)(s^2 + 2\zeta\omega_{n1}s + \omega_{n1}{}^2) - \mu(2\zeta\omega_{n1}s + \omega_{n1}{}^2)^2}$$

　ここで ω は角周波数（通常の周波数の 2π 倍）で、$s = j\omega$（j は虚数単位）と置くことにより (3-9) の周波数領域における振動伝達特性を計算することができる。(3-9) 式の絶対値 $|H(j\omega)|$ が小さいほど、ばね上へ伝達される加速度は小さくなり、すなわち乗心地は良くなる。(3-9) 式を基に、選択可能なパラメータの影響を計算した例を**図3-5（a）**〜**（c）**に示す。

　図3-5（a）からは、乗心地は車体の固有振動数に影響され、ω_{n1} を小さくする方が良いことが分かる。**(b)**より減衰係数比は、車体の共振点近傍では大きい方が良いが、それ以外の周波数では小さくした方が、乗心地が良いことが分かる。**(c)**はばね下質量の影響を示している。ばね下共振付近で影響を受けるが、乗心地面では良いかどうかは判断しかねる。ここには示していないが、ばね下質量の低減は、接地性の向上に大きな効果をもたらす。

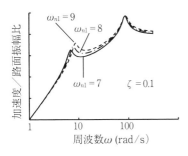

(a)　車体（ばね上）固有振動数の影響

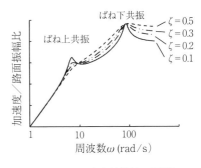

(b)　減衰係数比の影響

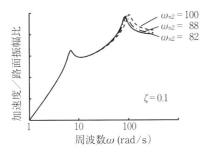

(c)　ばね下固有振動数（ばね下質量）の影響

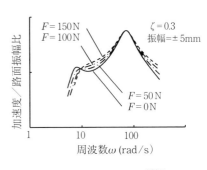

(d)　フリクションの影響

図3-5　サスペンション各パラメータの乗心地に及ぼす影響

　実際の車両の場合は、さらにサスペンションのフリクション（摩擦）の影響も無視できない。フリクションは典型的な非線形特性で、前述の式のように容易に計算はできない。しかし、コンピュータを使った数値計算では計算することができる。

　フリクションの大きさを変えた場合の振動伝達特性を**図3-5 (d)** に示す。図から明らかなように、フリクションが大きいとばね上（車体）共振点以上の周波数域で、振動伝達が大きく乗心地が悪化する。したがって、乗心地面ではフリクションの値は極力小さくするのが理想である。

(4) 受振感特性

　今までは車体の特性について説明してきたが、実際の振動を感じ"乗心地が良い"とか"乗心地が悪い"と感じるのは乗っている人間である。したがって、自動車の振動に対する乗心地を評価するには、人間の受振感特性を考慮しなければならない。以下に受振感の研究例を示す。

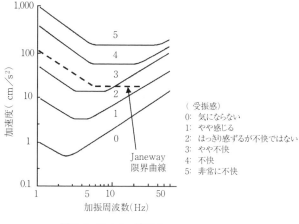

図3-6 Meister線図 [2]

（a）Meister線図

Meister（1926）による人の受振感特性に関する研究結果を**図3-6**に示す。これは周波数と加速度という観点で整理されている。立っている人が連続的な上下方向の正弦振動を受けるときのデータであり、座っている人では少し高周波側へ全体が移るといわれている。

受振感を決める物理量は、高周波領域では線図が右上がりであることから、速度がパラメータとなっていると考えられ、低周波領域では線図が右下がりであることから、人間は加加速度（ジャーク）を感じていると考えられる。線図が水平な部分では、加速度がパラメータであるといえる。

（b）Janewayの限界曲線

乗心地のよい範囲としては、Janeway（1948）が次のデータを与えている。

①低周波域（$f = 1 \sim 6$ Hz）では加加速度がパラメータで振幅を y(cm)、周波数を f(Hz) とすると加加速度 $y \cdot f^3$ の範囲を次式で与えている。

$$y \cdot f^3 \leq 5.1 \qquad\qquad \cdots\cdots (3\text{-}10)$$

すなわち

$$\log y \leq \log 5.1 - 3 \log f \qquad\qquad \cdots\cdots (3\text{-}10)'$$

②中周波域（$f = 6 \sim 20$ Hz）では加速度がパラメータで、

$$y \cdot f^2 \leq 0.85 \qquad\qquad \cdots\cdots (3\text{-}11)$$

すなわち

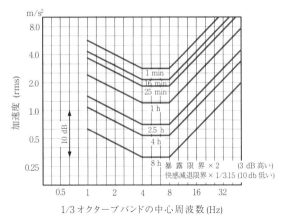

m/s^2

図3-7 ISO / IS 2631の上下振動の評価基準[2]

$$\log y \leq \log 0.85 - 2 \log f \qquad\qquad \cdots\cdots (3\text{-}11)'$$

③高周波域（$f = 20 \sim 60$ Hz）では速度がパラメータで、

$$y \cdot f \leq 0.42 \qquad\qquad \cdots\cdots (3\text{-}12)$$

すなわち

$$\log y \leq \log 0.42 - \log f \qquad\qquad \cdots\cdots (3\text{-}12)'$$

この領域を先のMeister線図に示すと、2（不快ではない）の領域より少し高周波側へ寄ったものとなる。

これ以外にも多くの研究報告がされているが、最終的にはこれらを参考に**図3-7**に示すような、上下振動に対する評価基準がISO/IS 2631に定められた。乗心地の改善を目指す場合、この基準が一つの目安となる。

3.2.2　ピッチング、ローリング、バウンシング

前項まで車両の1輪モデルで検討してきたが、前後または左右の連成を考慮しなければならない振動モードがある。

・前後が逆位相に振動するモード＝ピッチング
・左右が逆位相に振動するモード＝ローリング

の二つである。これらのモードについては2輪モデルで検討しなければならない。これ以外に前後が同位相で振動するモードのバウンシングがあるが、この場合は連

成を考慮する必要はない。ピッチングのモードとバウンシングのモードを**図3-8**に、ローリングのモードを**図3-9**に示す。

(1) ピッチング、ローリングモデル

ピッチングとローリングは、いずれも車体の姿勢変化であり、車体（ばね上）のみを考慮した同一モードで近似することができる。

路面からの入力はないものとし、車体の慣性力によるモーメント入力のみを考えると、**図3-10**に示すような1自由度の振動モデルで考えることができる。ここでIは車体の慣性モーメント、Mは入力モーメント、θはMによって生じる車体の傾斜角を示す。入力モーメントに対する傾斜角（回転角）の伝達特性を求めるが、これは3.2.1の(3)-(b)項の場合と同様にして求めることができる。運動方程式は、

$$M = I\ddot{\theta} + C\dot{\theta} + K\theta \qquad \cdots\cdots (3\text{-}13)$$

ここで、Cは回転減衰係数、Kは回転ばね定数で、各輪の減衰係数とばね定数を用いて以下のように表される。（ローリングの場合は$L_f = L_r$）

$$C = C_{pf}L_f{}^2 + C_{pr}L_r{}^2$$
$$K = K_{sf}L_f{}^2 + K_{sr}L_r{}^2$$

したがって、伝達関数$H(s)$は

$$H(s) = \frac{\theta(s)}{M(s)} = \frac{1}{Is^2 + Cs + K} \qquad \cdots\cdots (3\text{-}14)$$

となり、(3-14)の絶対値$|H(j\omega)|$は次式となる。

$$|H(j\omega)| = \frac{1}{I\omega_0{}^2} \cdot \frac{1}{\sqrt{\left\{1 - \left(\frac{\omega}{\omega_0}\right)^2\right\}^2 + \left(2\zeta\frac{\omega}{\omega_0}\right)^2}} \qquad \cdots\cdots (3\text{-}15)$$

ただし、$\zeta = C/2\sqrt{IK}$、$\omega_0 = \sqrt{K/I}$

(3-15)式において、ζをパラメータにした特性例を**図3-11**に示す。縦軸は静的な傾斜角（$= 1/(I\omega_0{}^2) = 1/K$）に対する振幅比で表示してある。(3-15)式を$\omega$で微分して極値を持たないための条件は$\zeta \geq 1/\sqrt{2}$となる。すなわち、$\zeta$が$1/\sqrt{2}$以上であれば全周波数領域において振幅比は1以下となる。

ζを大きくするためにC_{pf}、C_{pr}を増大させることは、前節で述べたように、路面入力による上下加速度を増加させることになる。このため乗心地を阻害する方向に作用する。C_{pf}、C_{pr}を変えることなくζを大きくするにはL_f、L_rを大きくすることである。すなわち、ホイールベースやトレッドを大きくすることが、上下振動とのトレードオフを高いレベルでバランスさせる一つの方法となる。

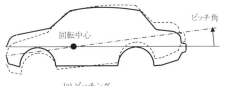

(a) ピッチング

図3-8 ピッチングとバウンシング

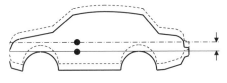

(b) バウンシング

図3-8 ピッチングとバウンシング

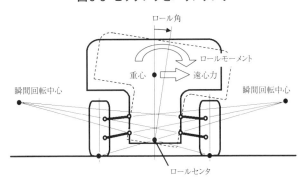

図3-9 ローリング

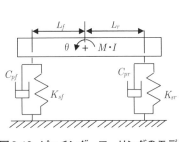

図3-10 ピッチング、ローリングのモデル

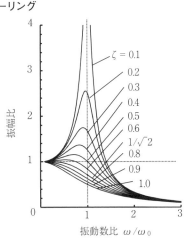

図3-11 ピッチング、ローリングの伝達特性

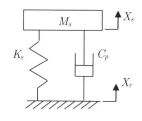

図3-12 バウンシングのモデル

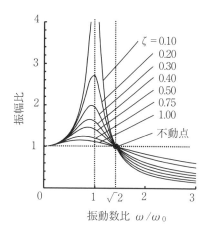

図3-13 バウンシングの振動伝達特性

(2) バウンシングモデル

バウンシングについても、低周波領域のみ考える場合にはピッチングと同じようにばね上のみの振動モードで近似でき、その振動モデルは**図3-4(a)**のばね下部分を除いた**図3-12**のようになる。

したがって、振動伝達関数も(3-9)式の第1項と同等になる。この振動伝達特性を**図3-13**に示す。これによれば、減衰係数比ζが0.75程度であれば、ばね上共振点での制振効果は十分であると考えられる。しかし、ばね上固有振動数の$\sqrt{2}$倍以上の周波数になると効果は逆転し、ζが小さくなるほど良い結果となる。したがって、ピッチングモードと同様、乗心地も考慮した最適値を選定することが必要となる。

3.2.3 接地性

車の走行時に駆動力、制動力、横力の力が発生する部分はタイヤと路面との間である。力の大きさを決める主要なファクタは垂直荷重であり、これが接地力となる。したがって、接地力は走行性能や操安性を決める上で重要な役割を果すことになる。

接地性を確保するには車輪の路面への追従性を良くすることが必要であり、これに対してはばね下の共振を抑え込むことが重要になる。

接地性の指標として、タイヤ接地荷重の静荷重からの変動分を尺度として表すことができる。タイヤばね定数をK_t、タイヤの初期たわみをδ_iとすると、車重による1輪当たりの静的な接地反力Wは、

$$W = K_t \delta_i \qquad \cdots\cdots (3\text{-}16)$$

一方、路面の振幅をX_{r0}とすると、**図3-4(a)**のモデルからタイヤのたわみ変化により生じる動的な接地力変動ΔWは、

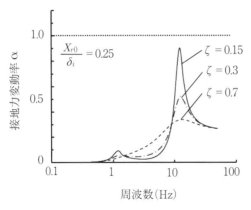

図3-14　接地力変動

$$\Delta W = K_t X_{r0} \left| \frac{X_u(j\omega) - X_r(j\omega)}{X_r(j\omega)} \right| \qquad \cdots\cdots (3\text{-}17)$$

ここで接地力変動率 α を以下のように定義する。

$$\alpha = \frac{\Delta W}{W} = \frac{X_{r0}}{\delta_i} \left| \frac{X_u(j\omega) - X_r(j\omega)}{X_r(j\omega)} \right| \qquad \cdots\cdots (3\text{-}18)$$

したがって、接地力の最小値 $F_{\min}$ は、

$$F_{\min} = W - \Delta W = W(1 - \alpha) \qquad \cdots\cdots (3\text{-}19)$$

で表すことができる。

　この式から明らかなように、α が大きくなると接地力の最小値が小さくなり、実際の車ではばね下がばたつくような現象になる。**図3-14**に減衰係数比 ζ をパラメータにした α の値を示す。ζ が小さいほどばね下共振点での α の値が大きくなり、接地力の低下が大きくなることが分かる。また、α が1以上になると $F_{\min}$ は負の値となり、タイヤは路面から浮きあがる現象が生じることになる。減衰係数比 ζ は乗心地の観点だけでなく、接地力も考慮して選定されなければならない。

3.2.4　スタビライザと乗心地

　ロールを抑制するためのスタビライザは、ねじりばねの剛性を利用したものである。車両の振動モードによっては懸架ばねと同一の作用をする。ここでは、スタビライザが路面入力受けた場合の乗心地に与える影響について考えることにする。

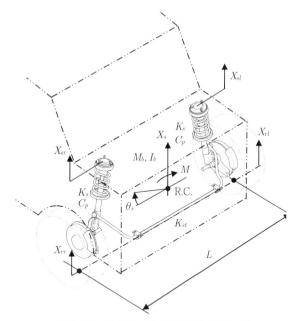

図3-15 スタビライザを付加した振動モデル

　図3-15に示すようにスタビライザを付加し、ばね下質量とタイヤを省略した左右2輪モデルを考える。ここでM_bとI_bは車体質量と車体の慣性モーメント、K_sは懸架ばねの車輪位置に換算したばね定数、K_{st}はスタビライザの車輪位置に換算したばね定数、X_{sr}、X_{sl}は車体左右の静的釣り合い点からの変位、X_sは車体中心での変位、X_{rr}、X_{rl}は左右の路面変位、Lはタイヤ間距離（トレッド）である。まず、路面入力に対するスタビライザの作用を考える。車体は上下方向と、ロール方向の二つの振動モードがある。したがって、運動方程式はそれぞれ、

$$M_b\ddot{X}_s = -C_p(\dot{X}_{sr} - \dot{X}_{rr}) - C_p(\dot{X}_{sl} - \dot{X}_{rl}) - K_s(X_{sr} - X_{rr}) - K_s(X_{sl} - X_{rl})$$

$$\cdots\cdots (3\text{-}20)$$

$$I_b\ddot{\theta}_s = -C_p(\dot{X}_{sr} - \dot{X}_{rr})\frac{L}{2} + C_p(\dot{X}_{sl} - \dot{X}_{rl})\frac{L}{2} - K_s(X_{sr} - X_{rr})\frac{L}{2}$$

$$+K_s(X_{sl} - X_{rl})\frac{L}{2} - K_{st}\{(X_{sr} - X_{rr}) - (X_{sl} - X_{rl})\}L \quad \cdots\cdots (3\text{-}21)$$

ここで入力は左右輪路面変位X_{rr}、X_{rl}なので、左右中心の上下方向変位をX_r、左右輪変位差の角度をθ_rとし、

$$X_r = (X_{rr} + X_{rl})\,/\,2$$
$$\theta_r = (X_{rr} - X_{rl})\,/\,L$$
$$X_s = (X_{sr} + X_{sl})\,/\,2$$
$$\theta_s = (X_{sr} - X_{sl})\,/\,L$$

の関係を用いると (3-20)、(3-21) 式はそれぞれ以下のように簡単になる。

$$M_b\ddot{X}_s + 2C_p(\dot{X}_s - \dot{X}_r) + 2K_s(X_s - X_r) = 0 \qquad \cdots\cdots \ (3\text{-}22)$$

$$I_b\ddot{\theta}_s + C_pL^2\frac{(\dot{\theta}_s - \dot{\theta}_r)}{2} + \left(\frac{K_s}{2} + K_{st}\right)L^2(\theta_s - \theta_r) = 0 \qquad \cdots\cdots \ (3\text{-}23)$$

これより、上下方向の固有振動数 f_{rb}、およびロール方向の固有振動数 f_{rr} は以下となる。

$$f_{rb} = \sqrt{\frac{2K_s}{M_b}} \qquad \cdots\cdots \ (3\text{-}24)$$

$$f_{rr} = \sqrt{\frac{\left(\frac{K_s}{2} + K_{st}\right)L^2}{I_b}} \qquad \cdots\cdots \ (3\text{-}25)$$

これから分かるように、スタビライザは上下方向の振動には影響を与えず、ロール方向にのみ影響を与えることが分かる。さらに (3-25) 式は以下のように書き換えることができる。

$$f_{rr} = \sqrt{\frac{K_sL^2}{2I_b}} \cdot \sqrt{1 + \frac{2K_{st}}{K_s}} \qquad \cdots\cdots \ (3\text{-}25)'$$

(3-25)′の右辺第1項はスタビライザがない場合の固有振動数であり、スタビライザが付加されるとロール方向の固有振動数は $\sqrt{1 + \dfrac{2K_{st}}{K_s}}$ 倍だけ高くなる。

図3-16は、スタビライザの上下振動伝達に与える影響を示したものである。スタビライザを付加すると、図の車線部分の領域で振動伝達が大きくなって、振動絶縁性が悪くなっているのが分かる。

次に路面の左右相関性に着目した場合、路面周波数によって左右輪の上下振動波形の相関に違いがある。左右各輪の路面入

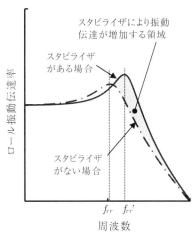

**図3-16 スタビライザのロール振動に
与える影響**

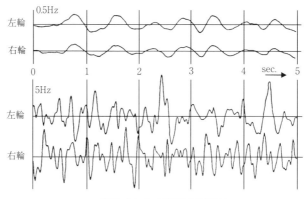

図3-17 左右路面の相関性

力波形を、0.5Hzと5Hzに中心周波数を持つ狭域のバンドパスフィルタを通した例を**図3-17**に示す。この図から0.5Hzでは左右輪はほぼ同じ波形をしており、左右の相関性が高いことを示している。5Hzになると大まかな類似性は認められるが、波形そのものの形状が異なり、左右の相関性はかなり低いことが分かる。

このことは、逆位相入力は高周波側に多く存在することを意味しており、**図3-16**におけるスタビライザの振動絶縁性が悪くなる周波数領域は高周波域に限られ、その領域では振動伝達率は低下しているので乗心地悪化は緩和される。

3.2.5　サスペンションストロークと乗心地

今まで乗心地に関して説明してきた各種の数式とデータは、サスペンションのストロークについては無限大であることを前提にしているものである。しかしながら、実際の車両では、当然ストロークに制限があり、走行中にストッパに当たる頻度、確率も含めて考える必要がある。R. S. Sharp[3]らは、サスペンションの相対変位の標準偏差に制限を加えた場合の乗心地特性について、ばね上の固有振動数f_n、減衰係数比ζ、ばね上・ばね下質量比M_u/M_sの影響を調べている。

図3-18は乗心地の評価量がf_n、ζ、M_u/M_sによってどう変わるかを示している。図中の不快パラメータとはシート面上の上下加速度にISO受振感特性の補正をして実効値（2乗平均の平方根）を取ったものである。接地力変動は接地性を示し、タイヤの静荷重からの荷重変動分の実効値、相対変位はサスペンションストロークの実効値を示している。この図から次のようなことが分かる。

①不快パラメータ図から、乗心地はばね定数、すなわちf_nに影響され、f_nを小さ

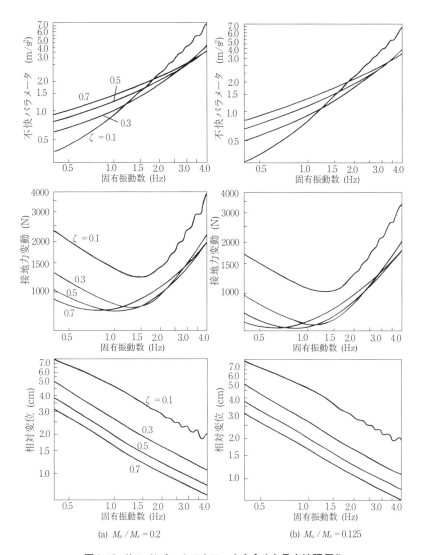

図3-18 サスペンションストロークを含めた乗心地評価[3)]

くする方が良い。

②不快パラメータ図からサスペンションストロークの限界内では、同一ばねに対してはζを小さくした方が乗心地は良い。

③サスペンションストロークが制限されるとき、f_nとζの関係を総合的に見ると、ばねを硬くして減衰力を小さくするよりは、ばねを軟らかくして減衰力を高く

する方が好ましい。

④接地力変動図からタイヤの接地性は減衰力に大きく依存する。特に $\zeta = 0.3$以上に選ぶべきである。

⑤ M_u / M_s 比を見比べると、ばね下質量は軽くした方がすべてに良い。

サスペンションストロークは大きい方が良いことはいうまでもないが、アライメント変化や各機器の機能上の制約、デザインなどの制約もあって、極端に大きく取ることはできない。また、荷重状態の変化（乗員数や積荷の量など）によっても、伸び、縮みのストロークの振り分けは変化するので、ばねを軟らかくするにも限界がある。このため、荷重状態変化にかかわらず、サスペンションストロークを確保するオートレベリング機構や、路面状況により減衰力、ばね定数を可変にする機構は、最適な乗心地を可能にする面からも意味のあることである。

3.3 自動車の操縦性・安定性

前節では車体の上下動を中心とした振動面を述べてきたが、ここでは車体の姿勢変化を中心に、操縦性・安定性（操安性）面にかかわるファクタについて述べる。

操縦性とは、操舵により進路の変更やドライバの描いているコースへの追従が容易で、意図に合っているかどうかということであり、一方、安定性とは路面からの入力や横風など、ドライバの意思とは無関係に入ってくる外乱により進路が乱された後、速やかに外乱を受ける前の状態に復帰するかどうかということである。これらは全てタイヤの接地面に発生する前後や横方向の力に支配される。

3.3.1 走行状態の変化に伴う車体姿勢変化

車の速度および進行方向が変化するときに、車体に働く慣性力によって車体の姿勢が変化する。この姿勢変化は人間に不安感や不快感を与えるとともに、操安性にも影響を及ぼすことになる。

カーブを曲がるときやレーンチェンジなど、車が直進状態から旋回状態になると、外輪側が沈み内輪側が浮く現象となる。これをロールという。

また、加速時は荷重の前後移動により前輪が浮き上がり、後輪が沈み込む。これをスクワットといい、逆に減速時は前輪が沈み込み、後輪が浮き上がる。これをノーズダイブと呼んでいる。

このようにハンドル操作やアクセル操作、ブレーキ操作などにより車体の姿勢は

変化する。車体の姿勢が変化すると、サスペンションのリンク構成によりキャンバやトーなどのホイールアライメント変化が生じ、操縦性や安定性に大きく影響を与える。サスペンションジオメトリと、車体の動きを抑制するばねやショックアブソーバは操縦性・安定性を高めるのに重要な役割を担っている。

3.3.2 旋回状態の運動

　旋回状態の車両の挙動を知る上で、まず操安性に重要な役割を担っているタイヤの特性について知っておかなければならない。旋回中の車両には遠心力が働くが、この力に釣り合う求心力は、タイヤが横すべりすることにより発生している。

(1) コーナリングフォース

　旋回中のタイヤに働く力の関係を**図3-19**に示す。ここで、Xは車輪中心面の方向、X'はタイヤ接地中心の進行方向である。このようにタイヤ接地中心の進行方向と車両中心面の方向がずれている現象を横すべりといい、横すべり角（スリップアングル）はαで示される。

　このとき、タイヤと路面との接地部分でX軸に対して直角方向に働く力F_yを横

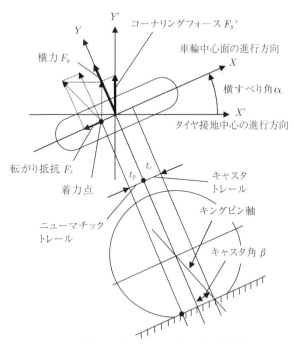

図3-19 横すべりするタイヤに発生する平面力

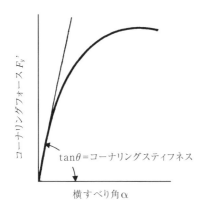

図3-20 横すべり角とコーナリングフォース[4]

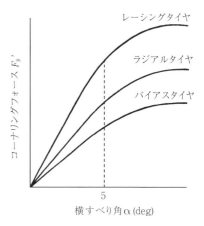

図3-21 タイヤの種類とコーナリングフォース[5]

力と呼ぶ。また、後ろ向きに働く力 F_x は転がり抵抗となる。コーナリングフォース F_y' は、横力 F_y と転がり抵抗 F_x により、タイヤ接地力中心の進行方向 X 軸に対し直角に作用する力であり、

$$F_y' = F_y \cos \alpha - F_x \sin \alpha \qquad \cdots\cdots (3\text{-}26)$$

の関係がある。

　横すべりしているタイヤの接地面は、すべりが発生せずタイヤの横剛性により変形して反力を発生する粘着域と、すべりにより最大摩擦力が発生するすべり域とがあり、接地面全体の力として両者の和がコーナリングフォースとなる。

　図3-20に横すべり角とコーナリングフォースの関係を示す。横すべり角が小さい範囲では、横すべり角が増加するにつれコーナリングフォースは比例的に増加する。これは、この領域では横すべり角に応じてタイヤ接地部分の変形が大きくなるためである。接地部分でのタイヤの変形が一定値以上になると、コーナリングフォースは飽和してくる。

　また、横すべり角 α が増加すると、同時に転がり抵抗も増加することになる。旋回時に直進時と同一速度を保とうとすると、直進状態に比較してアクセル開度を大きくするかギヤダウンしなければならないのは、この影響によるものである。

　コーナリングフォースの最大値は、タイヤの性質によっても変化する。**図3-21**にコーナリングフォースのタイヤによる差を示す。

(2) コーナリングスティフネス(コーナリングパワー)

　タイヤの横すべり角の小さい領域で、コーナリングフォースと横すべり角が比例

するとき、単位すべり角当たりのコーナリングフォース（**図3-20**の直線部分の傾きに相当）をコーナリングスティフネスと呼ぶ。コーナリングスティフネスの大きいタイヤを使用すれば、同じコーナリングフォースを発生させるのにタイヤの横すべり角が小さくてすみ、ステアリングが敏感になる。**図3-21**の例からは、バイアスタイヤよりラジアルタイヤ、さらにはレーシングタイヤがコーナリング特性に優れていることが分かる。

(3) セルフアライニングトルク

タイヤには、タイヤの転舵方向を進行方向に戻すようなモーメントが発生する。これは、**図3-19**に示すように横力 F_y の着力点がタイヤ中心軸を通る鉛直面より後方にあるために生じるモーメントで、セルフアライニングトルクと呼ぶ。操舵時の復元力となり、コーナリング中の車両を直線運動へ戻すように作用するとともに、ドライバに操舵（反力）感を与える。横力 F_y の作用点とタイヤ中心軸間の距離 t_p をニューマチックトレールという。キャスタ角 β がついている場合は、これによって生じる幾何学的トレール t_c と合わせると、キングピン軸回りのセルフアライニングトルク M_s は次式で表すことができる。

$$M_s = F_y(t_p + t_c)\cos\beta \qquad\qquad \cdots\cdots (3\text{-}27)$$

(4) キャンバスラスト

1.1.3で説明したように、タイヤの垂直面に対する傾きをキャンバといい、キャンバ角は**図3-22**の γ で示される。タイヤは接地面延長線とタイヤ中心軸との交点Oを中心に回転しようとする。この状態で直進すると、O点の方向に横力 F_c が発生する。これをキャンバスラストと呼び、車両の横方向の力のバランスに関係す

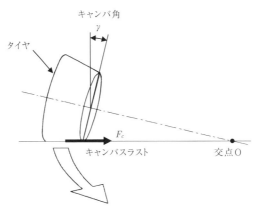

図3-22　キャンバスラスト

るので、旋回性能や直進安定性に影響を与える。キャンバスラストは、キャンバ角に比例し、$F_c = C_c \cdot \gamma$ と表現され、C_c をキャンバスラスト係数と呼ぶ。一般に4輪車の場合は、C_c はコーナリングスティフネスに比較して小さいが、2輪車のコーナリングではキャンバスラストが大きな役割を占める。

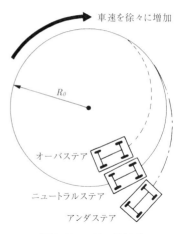

図3-23 ステア特性[5]

(5) アンダステア、オーバステア

定常円旋回において、操舵角を一定にして車速を増加していくとき、車両の旋回半径が大きくなっていく特性をアンダステア、逆に旋回半径が小さくなっていく特性をオーバステアといい、旋回半径が車速によって変化しない特性をニュートラルステアという。この特性を示したものが**図3-23**である。

車両が旋回運動を行なうときの状態を**図3-24**の幾何学的モデルに示す。遠心力が無視できるような低速走行時、幾何学的旋回中心は前輪および後輪垂線の交点 M_0 で、旋回半径は R_0 となる。

車速が増加すると遠心力が発生するため、この力と釣り合う求心力がタイヤの横すべりにより発生しコーナリングフォースとなる。このとき各輪の横すべり角を考慮した旋回中心は M_0 から M へと移動し、旋回半径はRとなる。このときのRと R_0 の関係からステア特性は次のようになる。

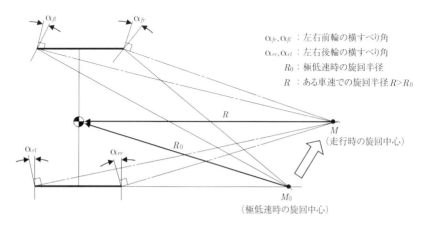

α_{fr}, α_{fl}：左右前輪の横すべり角
α_{rr}, α_{rl}：左右後輪の横すべり角
R_0：極低速時の旋回半径
R：ある車速での旋回半径 $R>R_0$

図3-24 横すべり角とステア特性[5]

$$旋回半径の比 \quad R/R_0 > 1 \quad \cdots\cdots アンダステア$$
$$R/R_0 < 1 \quad \cdots\cdots オーバステア$$
$$R/R_0 = 1 \quad \cdots\cdots ニュートラルステア$$

また、一般的にはR/R_0は車速Vの2乗に比例する形で、スタビリティファクタKを用いて表現でき、次式で示される。

$$R/R_0 = 1 + KV^2 \hspace{4cm} \cdots\cdots (3\text{-}28)$$

$$K = \frac{M(L_r K_r - L_f K_f)}{2L^2 K_f K_r} \hspace{3cm} \cdots\cdots (3\text{-}29)$$

K_f、K_r：前後輪のコーナリングスティフネス

L_f、L_r：重心と前軸および後軸間長さ

L：ホイールベース（$L = L_f + L_r$）

M：車両の質量

(3-28)式は車速が極めて遅い場合はニュートラルステアであるが、車速の増大に伴いステア特性はスタビリティファクタKの符号により大きく変わることを示している。そして、$K > 0$ならばアンダステア、$K < 0$ならばオーバステア、$K = 0$ならばニュートラルステアとなる。

また、(3-29)式から分かるように、スタビリティファクタKの符号は$(L_r K_r - L_f K_f)$によって決まる。すなわち、重心位置と前後輪のコーナリングスティフネス（コーナリングフォース）によって支配されることが分かる。

3.3.3　ロール特性

コーナリング時、車体はロールを起こす。この現象はサスペンションのストロークとして現れる。

（1）ロールセンタとロール角

車両が接地面上でどのようにロールするかは、3.2.2項**図3-9**で表現することができる。タイヤの車体に対する回転中心はサスペンションリンクの交点（図中の瞬間回転中心）となる。一方タイヤの地面に対する回転中心はタイヤの接地点となる。したがって、車体の地面に対する回転中心は、左右のそれぞれの回転中心を結んだ直線の交点Oとなる。この点をロールセンタと呼ぶ。

このロールセンタに対して、コーナリング中に重心回りに発生する遠心力がモーメントとなって作用し、車体をロールさせる。したがって、重心とロールセンタの距離が短いほどロールモーメントは小さくなり、同じ遠心力が加わってもロール量

は小さくなる。また、ロールし始めると左右のサスペンションのリンクの配置が変化することになり、ロールセンタの高さは車体のロールにつれて変化する。その変化量はサスペンションの形式によっても異なる。**図3-25**に代表的サスペンション形式に対するロール角とロールセンタ高さの変化の例を示す。

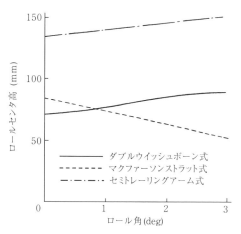

図3-25 ロール角とロールセンタ高さの例[6]

　一般的には、ロールセンタの変化量の少ないサスペンションの方がハンドリング特性上は望ましいとされている。ロールセンタの左右方向の位置変化は、ジャッキアップやジャッキダウン現象を引き起こすことがある。過度のロールを抑制するために、次の(2)項で述べるロール剛性を高める方法が取られている。

(2) ロール剛性

　車両のロール特性は、ロール角の単位角度当たりのモーメントであるロール剛性で表す。懸架ばねのばね定数を大きくしたり、スタビライザを付加すると、ロール剛性は高くなる。

　車両が旋回時にロールすると、内輪側は浮き上がり、外輪側は沈み込む。これは

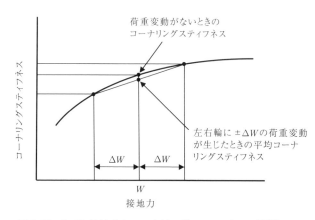

図3-26 タイヤ接地力とコーナリングスティフネスの関係

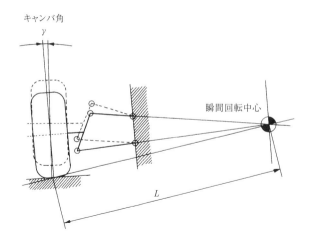

図3-27　ロールによるキャンバ変化の例

左右方向の荷重移動によって、直進時に比較して外輪側の分担荷重が増加し、内輪側は減少するためである。荷重移動量は重心に作用する遠心力によるロールセンタ回りのモーメントで決まり、ロールセンタが低いほど、また、重心高が高いほど荷重移動量が大きくなる。

　ロール剛性は、ステアリング特性と密接な関連がある。**図3-26**はタイヤの接地力の変動とのコーナリングスティフネスの関係を示している。コーナリングスティフネスは接地力に対して上に凸の非線形の特性になる。したがって、旋回により車両の左右輪に荷重変動が生じた場合、左右輪の平均コーナリングスティフネスは、荷重移動がない場合に比較して低下する。この特性を利用し、前後輪のロール剛性を変化させることで、ステアリング特性に味付けをすることができる。

(3) ロールとアライメント変化

　サスペンションリンクはロールによって変位する。タイヤの動きはリンク機構に影響され、前後左右にも変化する。また、その変化量はサスペンション形式やジオメトリによっても大きく異なる。

(a) ロールによるキャンバスラストの変化

　ロールによりサスペンションがストロークすると、サスペンションリンクのジオメトリ変化で対地キャンバ角が変化する。**図3-27**にダブルウイッシュボーン式サスペンションのストロークによるキャンバ変化のモデルを示す。これによると、タイヤの上下瞬間回転中心との距離Lによってキャンバ角の変化量が違ってくる。この距離Lは各リンクの節の位置やリンクの長さによって決まる。

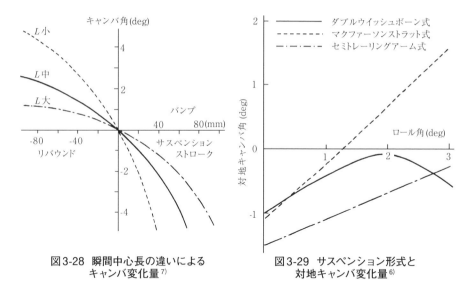

図3-28 瞬間中心長の違いによる
キャンバ変化量[7]

図3-29 サスペンション形式と
対地キャンバ変化量[6]

　図3-28に瞬間回転中心までの距離*L*の違いによるキャンバ角の変化の違いを示す。瞬間中心までの長さが長いほどキャンバ変化は緩やかになる。また、図3-29にはサスペンション形式違いによる対地キャンバ角変化量の違いの一例を示す。ストラット式の場合、ロール角の変化量に対するキャンバ変化が大きい。このためロール時の対地キャンバ角を小さくするため、ストラット式ではイニシャルキャンバ角（一般的にはネガティブ側）を設定する必要がある。これに対してダブルウイッシュボーン式の場合、ロール角に対してキャンバ角は余り変化していない。

　キャンバ角変化が車両に及ぼす影響は、対地キャンバが変化することによりキャンバスラストが変わることである。これがタイヤの横すべりによるサイドフォースに加算され、トータルとしてのコーナリングスティフネスが変化する。

　また、サスペンションリンクは一般に防振を目的として、ラバーブッシュで支持している。タイヤへのコーナリングフォースなどの外力が、リンク取り付け部にモーメントとして作用するため、ラバーブッシュをたわませる。これによりその分キャンバも変化することになる。図3-30にはトレーリングアーム式サスペンションのラバーブッシュたわみによるキャンバ変化の例を示す。

（b）ロールに伴うトー変化

　ロール時外側輪はバンプ側にストロークし、内側輪はリバウンド側にストロークする。このときサスペンション形式によっては左右輪のトー角が変化し、ステアリング特性に影響を与える。

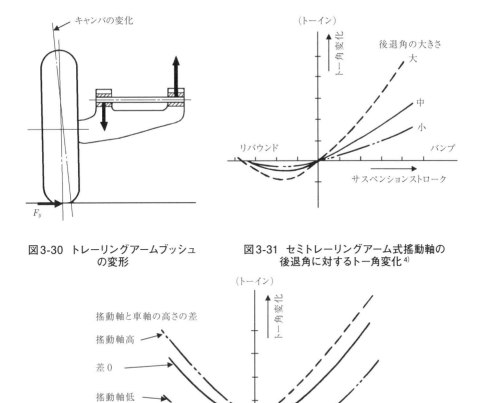

図3-30 トレーリングアームブッシュ
の変形

図3-31 セミトレーリングアーム式揺動軸の
後退角に対するトー角変化[4]

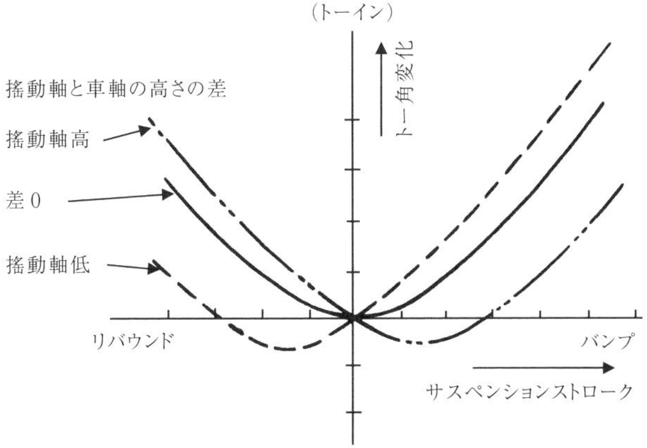

図3-32 セミトレーリングアーム式揺動軸と車軸の高低差に対するトー角変化[4]

　セミトレーリングアーム式リヤサスペンションのトー角変化の例を**図3-31**に示
す。セミトレーリングアーム式の場合、揺動軸が車軸に対して水平面上で傾斜して
いるため、この後退角によりサスペンションが上下運動すると、トー角が変化する
ことになる。後退角を大きくすると、サスペンションストロークに対するトー角変
化が大きくなる。また、揺動軸は車軸に対して垂直面方向の高さの差あるいは傾斜
がついているため、この差あるいは下反角の大きさもトー角変化に影響を与える。
この例を**図3-32**に示す。車軸との高さの差により、サスペンションのストロークに
よるトー角変化曲線に差が見られる。このように、ロールに伴うサスペンションアラ

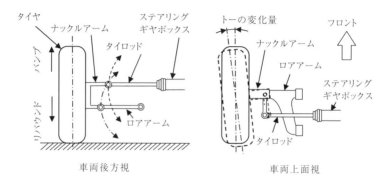

図3-33 バンプ・リバウンド時の前輪トー角変化

イメント変化によりトー角が変化
する現象をロールステアと呼ぶ。

　前輪の場合には、**図3-33**のよ
うにサスペンションリンクの上
下、前後の取り付け位置とリンク
長さの違いによりバンプ、リバウ
ンド時にタイロッドとの相互干
渉作用が起き、ロールステアが生
じやすい。

(c) ロールに伴うトレッドの変化

　サスペンションの形式によっ

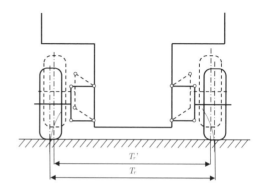

図3-34　トレッド変化

ては、ロールに伴うサスペンションのストロークによりトレッドが変化する。例え
ば、**図3-34**のようにバンプに伴ってタイヤトレッド中心が内側へ移動する場合には、
タイヤに内向の力が発生しコーナリングフォースは増すことになる。トレッドの変
化の軌跡はロールセンタを中心としたタイヤ接地面の動きであり、ロールセンタが
高いほどトレッドの変化量は大きくなる。この特性を利用して前後輪のロールセン
タの高さを変えると、ロール時のヨー方向の動きを変えることができる。前輪に比
べて、後輪のロールセンタが高いと、ロール過渡状態での後輪のコーナリングフォー
スが大きくなり、ハンドリングに対するレスポンスを良くすることができる。反面、
路面の凹凸に対する変位でも、同じ理由でタイヤの横すべり角を生じてタイヤに横
力が発生する。このため直進性の悪化やサスペンション構成リンクに発生する垂直
方向分力により、乗心地の悪化を招く恐れがある。

　図3-35にはロールセンタ高さと乗心地指標の一つである車両前席フロアの上下

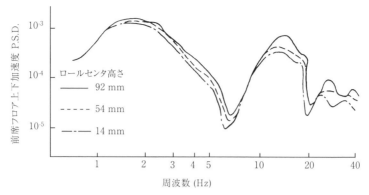

図3-35　ロールセンタ高さの乗心地に及ぼす影響[7]

加速度パワースペクトル密度との関係を比較した例を示す。ロールセンタが高いほど全周波数域でパワーが大きくなり、乗心地が悪化していることが分かる。

3.3.4　加減速を伴う旋回特性

　コーナリングスティフネスとタイヤ接地力との関係は、前項**図3-26**で説明したとおりであるが、加速時や減速時にも同様のことがいえる。

　加速時には後輪の分担荷重が増加し、前輪は減少する。FF車の前輪のコーナリングフォースは分担荷重の減少と駆動力の作用によって低下する。ここから前輪は流れやすくなり、アンダステアの方向となる。FR車の後輪のコーナリングフォースは分担荷重の増加により増えるが、一方では駆動力の増加によって低下することになる。FR車では駆動力の影響が大きくなると後輪は流れやすくなり、オーバステアの方向となる。

　減速時には、前輪の分担荷重が増加し、後輪は減少する。ブレーキをかけながら操舵すると、前輪のコーナリングフォースは分担荷重の増加により増えるが、一方、制動力の作用により低下する。後輪のコーナリングフォースは、分担荷重の減少と制動力の作用とによって低下する。したがって、後輪のコーナリングフォースの低下が大きい場合、例えば後輪のブレーキ力配分が大きい場合には、後輪が流れやすくなってオーバステアの方向となり、逆に前輪の低下が大きい場合には、アンダステアの傾向が強まる。

　図3-36はコーナリングフォースと駆・制動力の関係を示すが、横すべり角（スリップ角）が大きいときに制動力を $F_{H1} \rightarrow F_{H2}$ へ増大させるとコーナリングフォースは

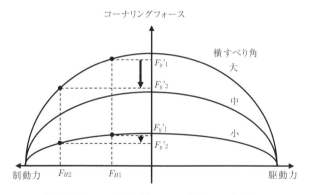

図3-36　コーナリングフォースと駆・制動力[7]

F_y・1→F_y・2へと大きく減少する。横すべり角の大きい限界付近でのコーナリングではブレーキは禁物であることが良く理解できる。

3.4　乗心地と操安性の両立

　これまで乗心地、操安性について説明してきたが、サスペンション構成要素を設定する上で、乗心地と操安性では相反する特性が多い。通常のサスペンションでは両者の妥協点でサスペンションの設定が行なわれる。乗心地を重視するか、操安性を重視するかにより、設定要素の重み付けが変わりその車両の特徴となる。

　車の軽量化、高性能化などにより乗心地と操安性の両立が難しくなる一方で、より高いレベルでの両者の設定が望まれる今日、一部の車両にはサスペンションをシステム的に制御する機構も採用されている。詳細は第8章に委ねるが、いずれにしても車のねらいに合ったものの選択が必要である。

参考文献
1)　ISO 8608　Mechanical Vibration - Road surface profiles - Reporting of measured data、1995
2)　新編自動車工学便覧、第2編、自動車技術会、1984年
3)　R. S. Sharp ほか：The fundamentals of passive automotive suspension system design, Dyn. Automotive Eng.
4)　小口泰平：自動車工学全書、第11巻、1980年、山海堂
5)　黒沢ほか：自動車と設計技術、1983年、大河出版
6)　松村ほか：自動車技術、Vol.41、No.3、1987年
7)　舘内端：自動車進化論、1987年、グランプリ出版

第4章　サスペンションを構成する要素

　サスペンションを構成する要素はどんなものかについては、1.1.2項で若干触れた。本章では、ラバーブッシュを含む各種ばね類とショックアブソーバについて、その種類や特性について解説する。乗心地と操縦性・安定性（操安性）は互いに相反することが多いが、それらを両立させるために個々の構成要素の工夫についても言及する。

4.1　ばね

4.1.1　ばね特性

　ばねは素材の持つ弾性変形領域の特性を積極的に活用するために、変形に対して十分な強さを持つ材料を変形しやすい形状にしたものである。したがって、荷重を加えるとたわみが生じ、取り除くと元の状態に戻る。ばね材料としては弾性域が広くヒステリシスの少ないものが良く、金属材料が多く用いられている。特殊なものでは、ゴムや空気を利用したばねも用いられている。

　乗用車の懸架ばねは一般に**図4-1**のような特性を示し、縦軸に荷重、横軸にたわみを取って表現される。**図4-1**の場合は、たわみの上限、下限付近にはそれぞれゴムストッパが置かれており、特性はB_1B_2、R_1R_2で示されている。線図の傾き、すなわちばねの単位たわみ量当たりの荷重変化量をばね定数という。傾きが大きい（ばね定数が大きい）ほど

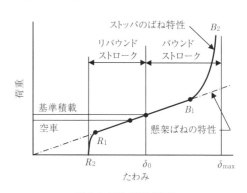

図4-1　ばね特性線図

硬いばねとなり、逆に傾きが小さい（ばね定数が小さい）ほど軟らかいばねとなる。

サスペンション系の基本的な性質を表現するものとして固有振動数f_n、ばね定数K_s（車輪位置に換算）があり、以下の関係がある。

$$f_n = \frac{1}{2\pi}\sqrt{\frac{K_s}{M_s}} \qquad \cdots\cdots (4\text{-}1)$$

ここで、M_sは基準積載状態におけるばね上質量である。

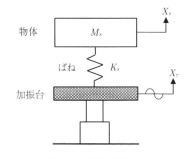

図4-2 ばね－質量系振動モデル

固有振動数について、ここでもう少し詳しく説明する。**図4-2**のような物体とばねからなるモデルを加振台上に置き、周期的に振動させることを考える。加振台がゆっくり振動しているときには、物体の振幅X_sは加振台の振幅X_rとほぼ同じになる。加振台の振動を速くしていくと物体の振幅X_sはだんだん大きくなり、振動の周波数がモデルの固有振動数に一致したとき、その振幅は無限大になる。これを共振という。さらに振動を速くしていくと物体の振幅は急激に減少し、加振台の振幅X_rよりも小さくなる。すなわち、固有振動数よりも高い周波数では加振台の振動は物体に伝わりにくくなる。これが、ばねが緩衝作用を持つ理由である。乗用車では、ばね上（車体）の固有振動数は1〜1.5Hz位に選ばれる。

4.1.2　リーフスプリング（重ね板ばね）

(1) 特徴

リーフスプリングは、ばねとしての特性のほかに、ばね自体がサスペンションメンバの一部として構造部材の役目を持ち合わせている。さらに取り付けが簡単なこともあり、古くから自動車のサスペンション用ばねとして用いられてきた。

反面、板間摩擦があるため乗心地が問われるような微小なたわみ域では、**図4-3**のように実質的なサスペンション系の固有振動数が上がり、ゴツゴツ感を感じる。さらに駆動力や制動力などのトルクが働くと、ばねは波打つ（ワインドアップ）ようになり、その反動が車体に伝わる。また、車輪の上下動に対して前後の位置決めができずロールステアを生む、ばね下重量が重く乗心地や接地性が悪くなる、などといった理由から、最近はコイルばねに置き換わっている。しかし、耐荷重性が大きいことからバス、トラックの前後車軸や商用バンなどの後軸には採用されている。

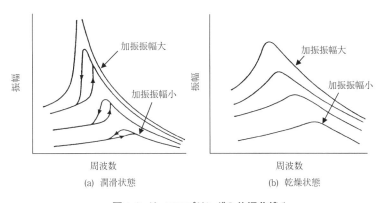

加振振幅大

振幅

加振振幅小

周波数

(a) 潤滑状態

加振振幅大

振幅

加振振幅小

周波数

(b) 乾燥状態

図4-3 リーフスプリングの共振曲線[1]

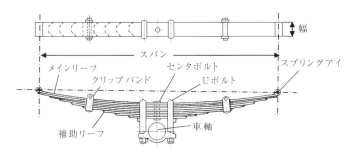

幅

スパン

メインリーフ　　クリップバンド　　センタボルト　　Uボルト　　スプリングアイ

補助リーフ　　車軸

図4-4 リーフスプリングの構造

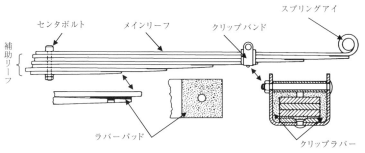

スプリングアイ

センタボルト　　メインリーフ　　クリップバンド

補助リーフ

ラバーパッド　　クリップラバー

図4-5 リーフスプリングの工夫[2]

(2) 構造

　図4-4にリーフスプリングの構造を示す。メインリーフと呼ばれるばねには両端に取り付け用のスプリングアイが付いている。メインリーフの下にはこれを助ける補助リーフスプリングを置き、逐次短くして何枚か重ねることによりばね力を増している。中央部は何枚か重ねてセンタボルトで固定し、その両端をUボルトで車軸

に取り付け、両端には横ずれを防ぐためのクリップバンドが付いている。ばねがたわむときの最大応力は中央部に発生するので、ばねの折損はセンタボルト用の穴付近から亀裂が入って起こる。これを防ぐために、センタボルトを用いず中央部に凹凸を付け位置決めをしているものもある。**図4-5**に示すように各リーフの間には板間摩擦による摩耗ときしみ音を防ぐため、ラバーパッドやプラスチックパッドを挿入している。クリップバンドにも同様にクリップラバーを使って、ばねとの直接接触を防いでいる。

(3) 種類と特性

図4-6(a)～(f)に自動車に用いられている一般的なリーフスプリングを示す。**(a)**と**(b)**は最も多く使われている標準的なタイプで、その荷重たわみ特性は**図4-7(Ⅰ)**に示すような線形の特性になる。**(c)**はプログレッシブリーフスプリングと呼ばれ、小型トラック、バンなどの後軸用として用いられている。これはたわみとともに補助スプリングの接触点が移動するので、**図4-7(Ⅱ)**のような滑らかな非線形特性が得られる。**(d)**は親子リーフスプリングと呼ばれ、大型トラックの後軸用に利用される。その特性は**図4-7(Ⅲ)**のように2本のばねを組み合わせものとなる。(Ⅱ)と(Ⅲ)は、いずれも常用位置での低ばね定数化と耐高荷重化の両立を図ったものである。

(e)と**(f)**は軽量化の目的で造られたテーパリーフスプリングであり、断面の厚さが両端に行くにつれて徐々に薄くなっている。

以上のばねの材質はすべてばね鋼であるが、近年は軽量化のためにGFRP(グラスファイバ入り強化プラスチック)を利用したリーフスプリングも見られるようになっている。

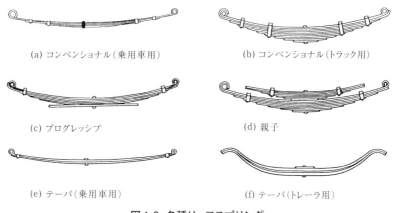

(a) コンベンショナル(乗用車用)　　(b) コンベンショナル(トラック用)

(c) プログレッシブ　　(d) 親子

(e) テーパ(乗用車用)　　(f) テーパ(トレーラ用)

図4-6　各種リーフスプリング

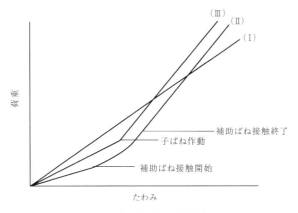

図4-7 重ね板ばねの特性[1]

4.1.3 コイルばね

(1) 特徴

　サスペンション用のばねとしては、圧縮コイルばねが最も多く用いられている。その理由は製作が容易な上、価格も安いためである。また、巻数、線径、コイル径などの因子を変えることにより、その特性を比較的自由に選べるからでもある。さらにサスペンション用として見たときには、車輪の位置決めと車体の懸架の役割を分離できるので、懸架を主体として軟らかなばねを設計でき、乗心地が向上するとか、各種のサスペンション形式に利用できるためサスペンションの設計自由度が広がるといった利点がある。

　反面、車輪の位置決めにはリンク機構と組み合わせなければならないし、ばねの密着高さのためにエンジンルームや荷室内にスペースが必要となるといった欠点もある。

(2) 種類と特性

　サスペンションに用いられているコイルばねは、**図4-8**のように円形断面のものが一般的である。ばね定数 K は次式で表される。

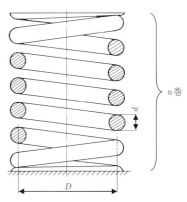

$$K = \frac{Gd^4}{8nD^3} \qquad \cdots\cdots (4\text{-}2)$$

G：材料の横弾性係数

図4-8　圧縮コイルばね

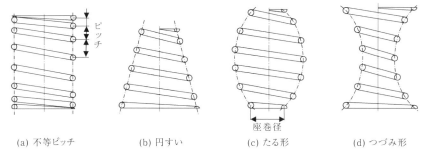

(a) 不等ピッチ   (b) 円すい   (c) たる形   (d) つづみ形

図4-9　各種非線形コイルばね

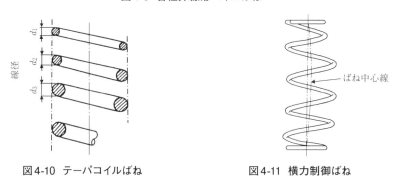

図4-10　テーパコイルばね   **図4-11　横力制御ばね**

　上式から分かるように、巻数n、コイル径D、線径dをたわみに応じて変化するようにすれば、ばね定数を非線形にすることもできる。

　図4-9に非線形コイルばねの例を示す。**(a)** は巻線のピッチを徐々に変えたもので、不等ピッチばねと呼ばれる。このばねはたわみに応じて部分的に線間接触が起こり、結果として有効巻数が変化する。ただし、この場合には線間接触により金属音を発生するとか、応力の低い部分から線間接触が起こり、材料上やスペースの有効利用の上からは好ましくないといった欠点もある。

　(b) ～ **(d)** は長手方向にコイル径を変化させたものである。これらは線間接触が応力の高い部分から起こるので耐久上は有利であるが、不等ピッチばねに比べてコイル外径が大きくなる。しかし、たる形のものは密着高さが低くなり、座巻径も小さくできるので自動車のサスペンションに良く用いられている。

　ほかに**図4-10**のように線径を連続的に変化させたテーパコイルを使用する例もある。この利点は(4-2)式に示すようにばね定数がd^4に比例して変化するので、dのわずかな変化で大きな非線形特性が得られる。

　一般にコイルばねは軸方向に圧縮すると軸方向の反力を発生するが、実際にはわ

ずかではあるが軸直角方向の力も発生する。このために、左右輪でばねの巻方向を反対にしている車もある。ストラット式ではばねの軸線をストラット軸に対し傾け曲げ力のキャンセルを行なっているが、ばねの発生する横力を積極的に利用したものもある。

　図4-11は横力制御ばねと呼ばれるもので、ばねの中心線が湾曲している例である。これ以外に中心線を傾斜させたものもある。このような形状にすると横力の発生が大きくなるので、ストラットの曲げ力をキャンセルする方法として用いられている。

4.1.4　トーションバー・スタビライザ

(1) 特徴

　トーションバーは**図4-12**のように真っすぐな棒の一端を固定して他端をねじり、そのときのねじり変形を利用するものである。単位体積当たりに蓄えられる弾性エネルギが大きく、軽量でスペースを取らず、形状が簡単でばね特性も計算と良く一致するなどの利点がある。しかし、サスペンション用として利用する場合にはアームとの組み合わせが不可欠で、端部の結合のためセレーションなどの加工が必要になる。一方、車体の固定部にボルトやカムなどの調整機構を付けると車高調整ができるといった利点もある。トーションバー自体は線形特性であるが、アームの組み合わせ特性は非線形となり、アームの取り付け角度やトーションバーのねじれ角度によって特性が変化するので注意が必要である。

　スタビライザ（アンチロールバー）は両端を左右輪に結合し、左右輪が逆位相で動くときのロール剛性を高める働きをさせる補助ばねである。これは左右逆位相の

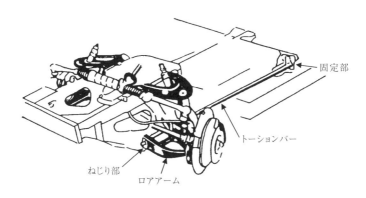

図4-12　トーションバー式フロントサスペンション

ときのみ働くので、懸架ばねと切り離して設定でき、この剛性を高めても乗心地を悪化させることが少ないという利点がある。さらに前後輪の相対的なロール剛性比率を自由に設定できる。

（2）特性

サスペンションに利用されるトーションバーのモデルを図4-13に示す。ここでαは荷重Pを受けたときのアームの中心線と水平線のなす角、βは無荷重時のアームの中心線と水平線のなす角である。このとき、トーションバーのねじれ角をϕ、モーメントをT、ねじりばね定数をK_tとすると以下の関係がある。

$$T = PR\cos\alpha$$

$$\phi = \alpha + \beta$$

$$K_t = T/\phi$$

これより、荷重Pは以下のように表すことができる。[1]

$$P = C_1 \frac{K_t}{R} \qquad\qquad \cdots\cdots (4\text{-}3)$$

$$\text{ここに}\, C_1 = \frac{\alpha + \beta}{\cos\alpha}$$

また、上下方向のばね定数Kは(4-3)式を上下変位δで微分することにより得られ、以下のようになる。

$$K = \frac{dP}{d\delta} = C_2 \frac{K_t}{R^2} \qquad\qquad \cdots\cdots (4\text{-}4)$$

$$\text{ここに}\, C_2 = \frac{1 + (\alpha + \beta)\tan\alpha}{\cos^2\alpha}$$

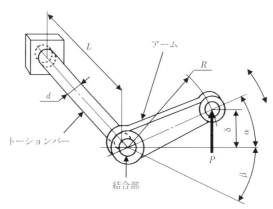

図4-13　トーションバーの負荷機構

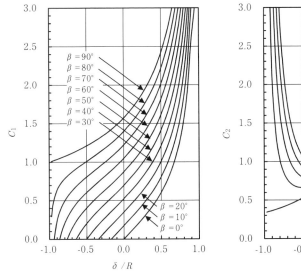

図4-14 アームの位置による
荷重特性の変化

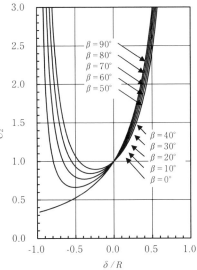

図4-15 アームの位置による
ばね定数特性の変化

　これから分かるように、荷重特性、ばね定数特性は β の値により異なる特性を示す。横軸に無次元化した上下方向変位 $\delta / R\,(=\sin\alpha)$ を取り、C_1、C_2 の特性を示すと**図4-14**、**図4-15**のようになる。このことからトーションバーは無荷重時のアームの位置により特性が大きく異なり、その特性は非線形であることが分かる。特にサスペンションとして使う場合には、荷重や変位の増加に伴ってばね定数が増加するものが良く、そのためには静的にばね上荷重が作用したときのアーム位置は水平、あるいはそれより上にあるようにし、**図4-14**、**図4-15**の右半分の特性を使うのが良い。

　スタビライザは左右逆位相で動くときその効果を生むので、**図4-16**において中央で固定された長さ L のトーションバーと長さ R のアームとして取り扱うことができる。

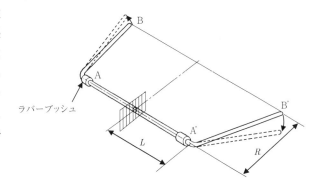

図4-16　スタビライザの作動図

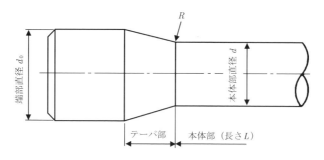

図4-17　トーションバーの端部（テーパの場合）

（3）構造

　トーションバーは先に述べたように、アームと一体になって機能する。アームとの接合にはセレーションが最もよく用いられるが、**図4-17**のように端部は本体部と寿命を同じにするために、本体直径 d の1.2倍以上の直径 d_0 にするのが良いとされている。また、この部分での局部的な応力集中を避けるために、本体部分とのつながりにRをつけたテーパにしたり、つながり全体を円弧にしたりしている。

　アームは一般に**図4-12**のようにサスペンションメンバのロアアームを兼ねているので、あまり短いと大きなキャンバ角変化を招き好ましくない。長い場合は車輪のストロークに対するトーションバーのねじれ角を小さくでき、トーションバーの長さも短くできるので都合が良い。

　片振りのトーションバーにはセッチング（過大な荷重をかけて塑性変形を起こし耐力を増す処理）も施される。セッチングにより許容負荷容量はその方向でかなり増大するが、逆方向に対しては減少するので、左用と右用を混用することは厳禁である。

　スタビライザは一般にラバーブッシュを介して、中央部2ヵ所（**図4-16**のA、A'は車体に、左右両端B、B'はサスペンションアーム）に取り付けられる場合が多い。場合によっては両端部をテンションロッドと兼用にし、ロアアームの位置決めに使われることもある。取り付けにラバーブッシュを介しているので、厳密にはこの特性がスタビライザ本来の特性に加算される。したがって、ロール剛性を設定するときにはこの点にも注意する必要がある。

4.1.5 防振ゴム（ゴムばね）

(1) 特徴

ゴムばねには金属ばねに見られない次のような特徴がある。

①形状、寸法を適当に選べば縦、横、高さ方向のばね定数を希望の値にすることができる。また、金属との接着が容易で、引っ張り、圧縮、せん断いずれの方向にも使用できる。

②加硫ゴムの内部摩擦は金属より1000倍も大きく、周波数とともに増加する。これには振動を減衰させる効果があり、高周波振動の吸収に適している。

③金型で製作されるので、量産効果により安価にできる。

反面、金属と比べて次のような欠点もある。

④耐熱性が天然ゴム（NR）では70℃くらいである。ポリマの改良、加硫系の改良により、100～120℃での使用も可能ではあるが、金属にはとても及ばない。また、低温ではガラス化する。

⑤油浸すると膨潤する。

防振ゴムの材料はその要求される特性、使用環境により使い分けるのが良く、用途を**表4-1**に示す。

ゴムばねの特性は非線形であり、形状を変えるだけでなく、材料、硬度、相対的な大きさを変えることによりばね定数を変更することができる。

(2) 防振ゴムの実用例

サスペンションに使われている防振ゴムを大別すると、次のようになる。

①主ばねとして用いられているもの。

②金属ばねと組み合わせて補助ばねとして用いられているもの。

表4-1　ゴム材料の使用用途[3]

用　　途	ゴ　ム　材　料
一般用防振ゴム	NR（天然ゴム）
	SBR（スチレンブタジエンゴム）
	BR（ブタジエンゴム）
	IR（イソプレンゴム）
特に耐油性を要求される防振ゴム	NBR（アクリロニトリルブタジエンゴム）
特に対候性（及び軽度の耐油性）を要求される防振ゴム	CR（クロロプレンゴム）
特に大きな振動減衰性を要求される防振ゴム	IIR（ブチルゴム）
特に耐熱性を要求されるゴム	EPDM（エチレンプロピレンゴム）
高弾性率の材料を必要とされるゴム	ウレタンエラストマ
特に低ばね、軽量を要求されるゴム	ウレタンスポンジ

③サスペンションメンバの支持部に用いられているもの。

①の例はほとんどないので、ここでは②と③について説明する。

(a) バンプストッパ、ヘルパ

これらは**図4-18～4-21**に示すように、車体や路面からの過大入力に対して、サスペンションのオーバストロークによる車両各部の干渉を防ぎ、これを保護するためのものである。

衝撃吸収エネルギの大きなものをヘルパ、小さなものをバンプストッパと呼ぶが、厳密な区分はない。形状は取り付けの場所、機構によりそれぞれに適するように選ばれる。特性は最大荷重が入るときに許容できるたわみの量より決められる。

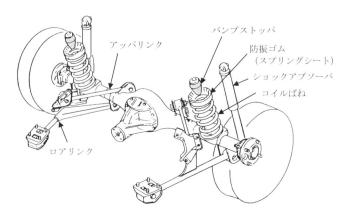

図4-18　4リンク式のバンプストッパの使用例[4]

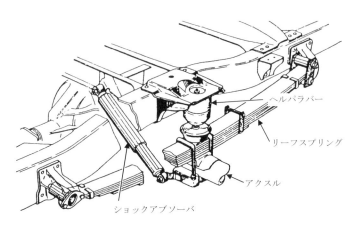

図4-19 パラレルリーフスプリング式のヘルパの使用例[5]

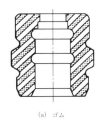
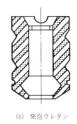

(a) ゴム   (b) 発泡ウレタン

図4-20　バンプストッパ

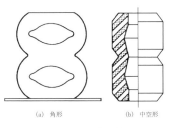

(a) 角形   (b) 中空形

図4-21　ヘルパラバー

　当たり始めの特性は**図4-22**の(b)曲線のように主ばねの特性と滑らかにつながるものが望まれる。特に乗用車の後輪用のものは、乗心地の点から主ばねのばね定数が低くなってきており、(a)より(b)の傾向が強い。

　材料はNRと発泡ウレタンを用いる。発泡ウレタンは圧縮荷重を受けたときに体積が収縮するので強い非線形特性が得られ、外形方向の膨らみが少なくスペース的に有利になる。乗用車のサスペンション用には最近は発泡ウレタンのものが多く使われている。

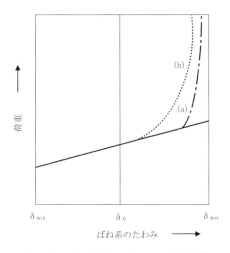

図4-22　バンプストッパ、ヘルパの特性

(b) ストラットマウント

　ストラットマウントは**図4-23〜4-24**に示すように、ストラット型ショックアブソーバのロッド先端に軸受などを介して取り付けられ、車体とはボルトで締結される。ハーシュネスの緩和や車輪からの振動、衝撃を受け止めると同時に車輪の位置決めの役目も受け持っている。

　ゴム材はNRを使い、軸方向のばね特性は初期に軟らかく、徐々に硬くなるようにする。軸直角方向は高い剛性を持つように設計的な工夫がされている。

　図4-24はばね力のような大きな力と、ショックアブソーバの減衰力のような通常比較的小さな力とが車体に伝わるときの伝達経路を分け、乗心地の向上をねらったものである。ばね力はスプリングインシュレータと外層ゴムを介し、減衰力は内層ゴムと外層ゴムを介して力を伝達している。

　ストラットマウントはゴムと金具を加硫接着しているものが多いが、接着せずに

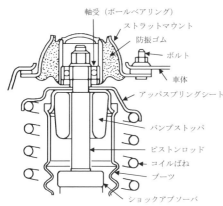

図4-23 ストラットマウント[4]

軸受（ボールベアリング）
ストラットマウント
防振ゴム
ボルト
車体
アッパスプリングシート
バンプストッパ
ピストンロッド
コイルばね
ブーツ
ショックアブソーバ

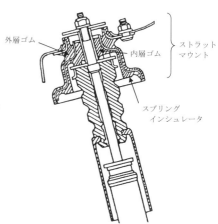

図4-24 2伝達経路のストラットマウント[6]

外層ゴム
内層ゴム
ストラットマウント
スプリングインシュレータ

カシメや溶接により組み立てられているものもある。**図4-25**はその例で、外筒をゴムではさみ込み、内筒とストッパをスポット溶接で固定して組み立てられている。比較的安価に製造でき、軽自動車などの小さな車に使われている例が多い。

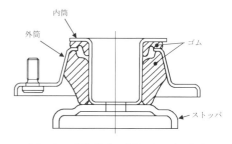

内筒
外筒
ゴム
ストッパ

図4-25 非接着式ストラットマウント[7]

(c) ラバーブッシュ

ラバーブッシュは当初、潤滑が不要なヒンジとしてサスペンションメンバの取り付けピボットに用いられていた。現在では、振動伝達特性の改善や車輪の位置決めといった乗心地と操安性の双方の見地から、その特性が選ばれている。

車両側からのばね特性に対する要求は、最近特に厳しくなってきている。すなわち、ねじり特性や軸方向、軸直角方向の変形具合をいかに選ぶかで、サスペンションの良否が決まる重要な要素になってきている。

リンクブッシュは内外筒の間にゴムを圧入、または加硫接着したもので、**図4-26(b)**の下段に示す。これは内外筒間に相対的な回転運動を行なわせるものである。**図4-27～4-29**はたわみ方向によって剛性が違う特殊なリンクブッシュであり、近年採用が広がっている。**図4-27**のすぐり入りブッシュはP_1方向とP_2方向での剛性を大きく変えることができる。**図4-28**のインタリング入りブッシュは軸直角方向の高い剛性を保ちながらねじり剛性は抑えられるので、操安性を維持しながら乗心地

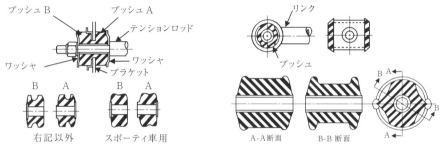

(a) テンションロッドブッシュ

(b) リンクブッシュ

図4-26 各種ラバーブッシュの例

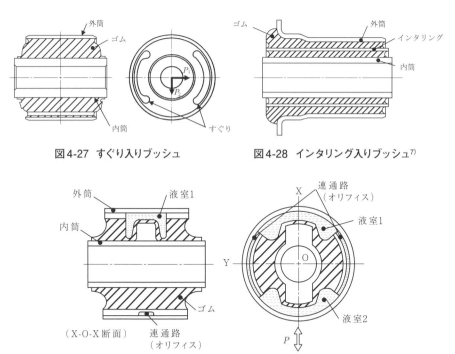

図4-27 すぐり入りブッシュ

図4-28 インタリング入りブッシュ[7]

図4-29 流体封入ブッシュの構造例[7]

を向上できる。**図4-29**の液体封入ブッシュは、仕切られた2室に液体を封入しオリフィスを介して連通させ、ばねとしての特性だけでなく、2室を液体が往復するときの流体抵抗も利用したもので、優れた動特性と高い減衰作用を持ち、シミー対

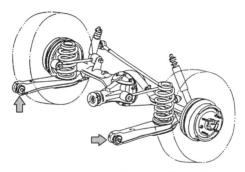

図4-30 流体封入ブッシュの使用部位[7]

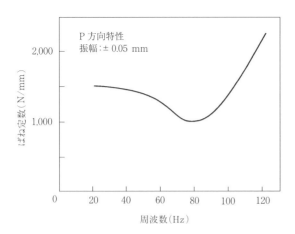

図4-31 液体封入ブッシュの動特性[7]

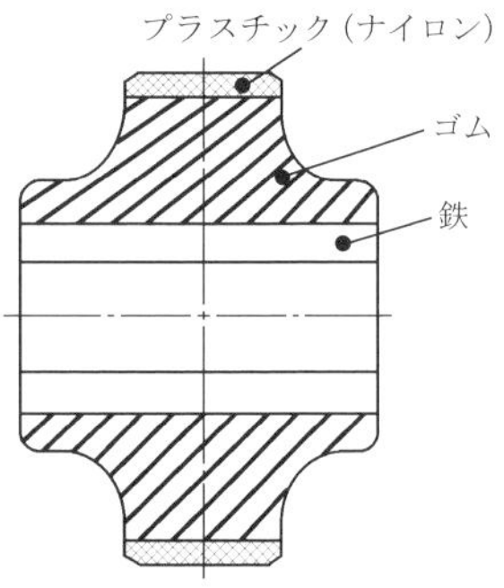

図4-32 プラスチックに接着した
ブッシュ[7]

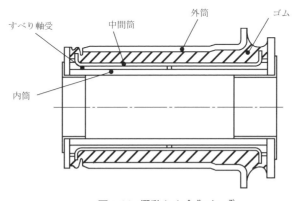

図4-33 摺動タイプブッシュ[7]

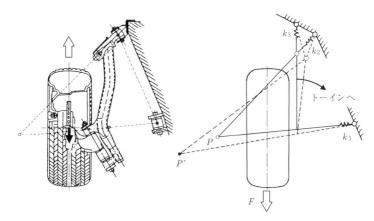

図4-34 バイザッハアクスル（ポルシェ928）[8]

策、こもり音対策に利用されている。**図4-30**に液体封入ブッシュの使用部位の一例を、**図4-31**に動特性の例を示す。**図4-32**のプラスチックに接着したブッシュは軽量化がねらいである。**図4-33**の摺動タイプブッシュは回転方向の剛性とヒステリシスを極力少なくするため、滑り軸受を挿入したものである。

テンションロッドの取り付けには、**図4-26（a）**のようなブッシュを、ワッシャを介してボルト止めにして用いる。

図4-34はブッシュのたわみを積極的に使って操安性を確保したポルシェのバイザッハアクスルである。制動力が働くと$k_1 \sim k_3$に相当するブッシュがこじれるように動き、タイヤの瞬間の回転中心がPからP'へ移動する。これによりタイヤがトーインに向き安定性が向上する。

最近では、このようにブッシュのたわみとサスペンションリンクの拘束性を利用して操安性の向上を図った車が増えている。

4.1.6 空気ばね（エアスプリング）

（1）特徴

空気ばねは空気を容器の中に閉じ込め、その圧縮性を利用してばね作用を得るものであり、次のような特徴がある。

①金属ばねに比べて低いばね定数を実現することが容易で、乗心地が向上する。

②ばね特性は基本的に非線形であり、またその設定は設計的にいろいろ選ぶことが容易である。

③ばね定数は空気の圧力に比例するので、積荷の変化によらず固有振動数がほぼ一定になり、乗心地が安定する。

④車高調整機構と組み合わせることが容易で、積荷の変化によらず車高を一定の高さにできる。

⑤特性は周波数依存性を持っており、乗心地を確保しつつ、高周波の振動を絶縁できる（減衰作用を持たせた場合）。

反面、次のような欠点がある。

⑥静的ばね定数が動的ばね定数より低いため、ロール、ピッチが起こりやすく、それを防ぐ機構が必要になる。

⑦圧力が温度により変化するため、圧力制御装置が必要となる。

⑧上記⑥、⑦の理由のためコスト高になる。

特に金属ばねに比べ、割高感があるのは避けられず、大型車などの後軸に採用されるにとどまっていたが、最近は乗心地の向上や他の付加機能に対する要求から、乗用車での採用例も増えている。

(2) 特性

空気ばねの基本的な特性は、**図4-35**のモデルで表され、ばね定数 K_a、荷重と圧力の関係は以下のようになる。

$$K_a = \frac{nA^2(P + P_a)}{V} \qquad \cdots\cdots (4\text{-}5)$$

$$W = PA \qquad \cdots\cdots (4\text{-}6)$$

ここで、圧力Pはゲージ圧（大気圧をゼロとした圧力の尺度）で、P_aは大気圧を意味している。また、nはポリトロープ指数といって気体変化の状態を表す定数であり、空気の場合ゆっくりとした変化（等温変化）に対しては"1"、比較的早い変化（断熱変化）に対しては"1.4"となる。(4-5)式より空気ばねのばね定数 K_a は受圧面積 A、圧力 P、空気の容積 V により決まることが分かる。

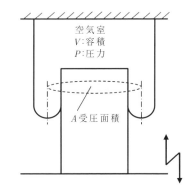

空気室
V:容積
P:圧力

A受圧面積

(3) 種類

気体ばねには力の伝達、ばね作用ともに空気を用いるものと、力の伝達に油圧を用い、ばね作用にガス（窒素）を用いた油空圧ばね（ガスばね）とに大別でき、前者をエアサスペンション、後者をハイドロニューマチックサスペンショ

図4-35 空気ばねのモデル

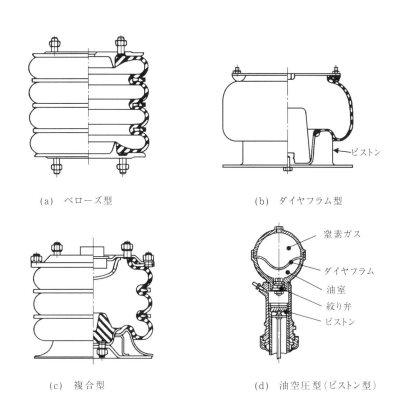

(a) ベローズ型　　　　　　　　(b) ダイヤフラム型

(c) 複合型　　　　　　　　　(d) 油空圧型（ピストン型）

図4-36　空気ばねの種類[9]

ンと呼ぶ。

　代表的なエアサスペンション用の空気ばねを**図4-36**に示す。ベローズ型は変位に対する受圧面積の変化が大きく、本体のほかに補助タンクを必要とするが、耐久性に優れている。ダイヤフラム型は、耐久性はベローズ型に及ばないが、補助タンクが不要な上、ピストンの形状を工夫することによって荷重特性を**図4-37**のように逆S字型にすることもできるので、自動車のサスペンションには適している。近年、**図4-38**のようにショックアブソーバと一体化したものが現れ、乗用車への採用が活発になった。

　図4-36 (d) は、ハイドロニューマチックサスペンションに使われている油空圧ばねの例である。これは、空気ばねに比べかなり高圧（10倍以上）のガスを使用するので、同じばね定数を得るための寸法形状を小さくできる。サスペンションの変位に対する油の変動量が少なくてすみ、車高調整が速く行なえるといった利点がある反面、油圧を使っているため、その分メンテナンスへの配慮が必要となる。

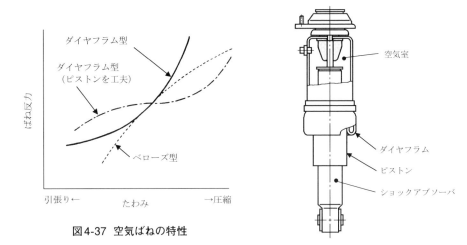

図4-37 空気ばねの特性

図4-38 空気ばね付きショックアブソーバ

(4) 空気ばねと油空圧ばねの差異

　空気ばねと油空圧ばねはともに気体の圧縮性を利用したばねであるが、それぞれ性質は異なっている。後席に人が乗ったり、荷物を積んで車体質量が増えたときに一定車高を維持する場合について考えてみる。

　エアサスペンションでは車体質量が増えると、空気ばねの反力が車体質量と等しくなるように空気を送り込み、空気ばねの中の空気圧を高くする。前述 (4-5) 式から分かるように圧力 P が大きくなると、圧力（厳密には絶対圧力 $P + P_a$）に比例してばね定数 K_a も大きくなる。すなわち、エアサスペンションでは車体質量とばね定数はほぼ比例関係にある。3章の (3-4) 式から分かるように、車体の揺れの速さを表す固有振動数 f_n は質量とばね定数の比で決まるので、ともに同じ比率で変化すれば固有振動数は変化しないことになる。つまり、1名乗車のときでも、荷物を積んだときでも車体の揺れの周期はいつも同じになる。

　一方、ハイドロニューマチックサスペンションでは、油空圧ばねに油を送り込んで窒素ガスの容積 V を小さくして圧力を高めている。(4-5) 式で分子の圧力 P が大きくなり、分母の容積 V が小さくなるので、空気ばねの場合に比べてばね定数は大きくなる。つまり車体質量が増すと揺れの周期は短くなる。したがって、ハイドロニューマチックサスペンションでは車体質量をすべて油空圧ばねで負担するのではなく、金属ばねと併用で用いるのが望ましい。

　次に車体質量は一定のままで車高を上昇させたときを考えてみる。エアサスペン

ションでは車高がアップすると空気ばねも伸びるので空気室の容積が増大する。したがってばね定数は低下する。重心高が高くなり、ばね定数が小さくなってロール剛性が低下するのはあまり良い方法とはいえない。逆に、高速走行時に車高を低下させるような使い方では、ばね定数は高くなりロール剛性も大きくなるので、適していると考えられる。一方、ハイドロニューマチックの油空圧ばねは車高を変えてもシリンダ内の油量が変化するだけで、ガス室の容積や圧力は変化しない。つまり、ばね定数は変化しない。金属ばね併用の場合は、車高をアップすると金属ばねの荷重負担減少分をガスばねで負担するので、圧力が上昇してばね定数は高くなる。

以上のことから、車体の質量が変化しても常に乗心地を確保したいような場合には空気ばねが適しており、不整路で車高を上昇させて走りたいSUVなどには油空圧ばねが適していると考えられる。

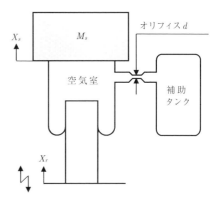

図4-39 空気ばねの減衰作用のモデル

(5) 空気ばねの減衰効果

空気ばねの金属ばねにない特徴は、それ自体で減衰作用を持つことが可能ということである。**図4-39**のような空気ばねと補助タンクがオリフィス（小さな穴）でつながれているモデルを、振幅 X_r の正弦波で加振することを考える。このと

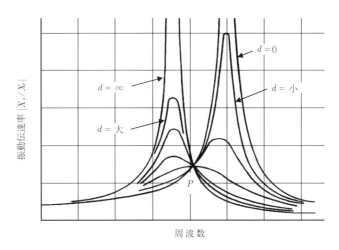

図4-40 空気ばね、補助タンク系の振動伝達特性[9]

き質量 M_s の変位を X_s とすれば、振動伝達率は $|X_s/X_r|$ で表される。オリフィス径 d の大きさを変え、振動伝達率を計算したものが**図4-40**である。

オリフィス径 d が十分大きなときは補助タンクも空気室とみなせ、ばね定数が低くなり共振点の周波数も低く、減衰効果もない。オリフィス径を徐々に小さくしていくと空気室と補助タンクの間に圧力差が生じ、これが減衰効果を生む。オリフィス径がある大きさのとき、振動伝達は最小になり、P なる共振点を持つ。それ以上オリフィス径を小さくしていくと、再び振幅が増加し始め、補助タンクがなく減衰効果を持たない共振点に近づく。

この現象は、空気室の圧力変化がオリフィスでの抵抗のため加振振幅 X_r の動きに対して遅れることに起因する。この遅れのため、空気室に発生する力は X_r の動きとは一致せず、X_r の振幅に比例したばね力と、速さに比例した減衰力に分かれる訳である

(6) ダイヤフラムの特性

ダイヤフラムはナイロンコードとゴム層によりなり立っている。空気ばねの特性を考えるとき、ダイヤフラムの影響を無視することはできないので、その点について触れておく。

図4-41は、ダイヤフラム式空気ばねの容積のみを増した場合のばね定数を調べたものである。容積が十分大きいときの測定値は、ダイヤフラム自身のばね定数と考えられる。ダイヤフラムの影響を無視した場合には、容積が無限大になると、ばね定数はゼロに近づくはずであるが、実際にはダイヤフラムのヒステリシスのためにゼロにならない。

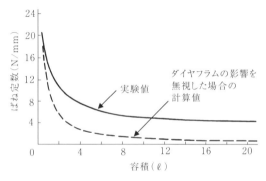

図4-41 空気ばねのばね定数の容積への依存性[10]

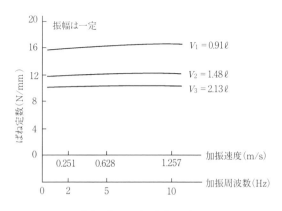

図4-42 空気ばねのばね定数の速度への依存性[10]

図4-42は振幅を一定にした場合の加振速度と加振周波数に対するばね定数の影響を調べたものである。速度（周波数）の増加に対してわずかな上昇傾向を示す。この傾向はV_2、V_3のように補助タンクを付け空気容積を増しても同じであり、このことからダイヤフラム自体は周波数依存性を持たないことが分かる。

図4-43は加振振幅の依存性を調べた結果で、ばね定数の振幅依存性が強く出ている。微小な振幅ではばね定数が大きく、乗心地を悪化させることになる。

図4-44は圧力に対する影響を調べた結果である。本来、空気ばねのばね定数は圧力に比例して増加するはずである。しかし、実際には圧力が高くなると、ばね定数の増加率が小さくなるという現象を示す。

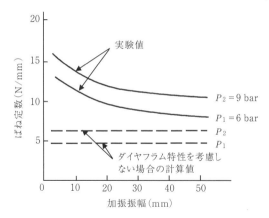

図4-43　空気ばねのばね定数の振幅への依存性[10]

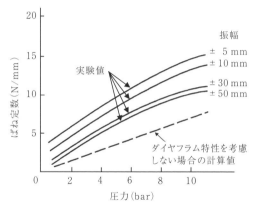

図4-44　空気ばねのばね定数の圧力への依存性[10]

4.1.7　各種ばねとショックアブソーバの組み合わせ特性

第3章で車の振動は固有振動数f_nと減衰係数比ζでその特性が支配されることを示した。ここでは各種ばねにおいて、乗員数の変化や荷物の積載などでばね上質量が変化したときに、f_n、ζがどのように変化するかについて説明する。

図4-45は基準荷重時のばね定数を合わせ、ショックアブソーバの減衰係数は一定（基準荷重時のとき$\zeta = 0.35$）とし、ばね上質量が増加したときの固有振動数f_nと減衰係数比ζの変化を、金属ばね、空気ばね、油空圧ばね、油空圧ばね＋金属ばねの4種類で比較したものである。金属ばね以外はばね上質量が変化したときに、

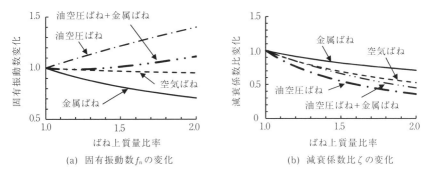

図4-45　各種ばねのばね上質量変化に伴う固有振動数 f_n、減衰係数比 ζ の変化

車高が常に基準車高にレベリングされるものとしている。

　横軸のばね上質量比率は、基準ばね上質量に対するばね上質量の比率を表しており、値が2であれば、質量が倍の状態になったことを示している。また、縦軸は基準荷重時の固有振動数と減衰係数比を1として、それに対する比率で表現している。

①金属ばね

　金属ばねは、ばね定数が一定なので、ばね上質量の増大とともに固有振動数は低下する。減衰係数比も同様にばね上質量の増加に伴い低下する。

②空気ばね

　空気ばねは、ばね上質量が増大しても内圧が高くなりばね定数も大きくなるので、固有振動数はほぼ一定の値となる。しかし、減衰係数比は金属ばねに比べ大きく低下し、減衰不足の状態となる。

③油空圧ばね

　油空圧ばねは、ばね上質量の増大に伴い空気ばね以上にばね定数が大きくなるので、固有振動数は高くなる。その分、減衰係数比も空気ばね以上に大きく低下する。

④油空圧ばね＋金属ばね

　図に示した例は、金属ばねのばね定数分担が85%、基準荷重時の重量分担が60%の場合である。金属ばねを併用することにより、固有振動数の増加と減衰係数比の低下を少なくすることができる。しかし、ストロークにより取り得るばね定数には限界があるので、空気ばねと同等とするのは難しい。

　以上から分かるように、空気ばねや油空圧ばねは車高を一定に保てる利点があるが、いずれもばね定数が増大するので、金属ばねの場合の減衰係数比を得ることはできない。これらのばねを使用する場合には、減衰力の制御も併せて行なうことが望ましい。

4.2　ショックアブソーバ

4.2.1　機能

　図4-46 (a) の質量M_sをX_{s0}だけ変位させておき、手を離したときの質量M_sの動きを考える。M_sは手を離した瞬間より振動を始め、何も抵抗がないときにはばねの復元力によって、**図4-47**に示す（I）のようにある固有振動数で周期運動を繰り返す。一方、**図4-46 (b)** のようにダンパC_pを付け、同じたわみを与えてから手を離すと、今度は**図4-47**の（II）のように時間とともに振幅が減少し、いずれ周期運動が収まる。C_pをさらに大きくすると**図4-47**の（III）のようにM_sは振動せず時間の経過とともに収束する。

　質量M_sを車体に例えると、（I）の状態では突起を乗り越すたびに車体は揺れ続ける。また、場合によっては共振を起こして大きく揺れだし、乗心地や操安性上好ましくない。そこで振動を抑えるためにはダンパC_pに相当する抵抗を付ける。このM_sの振動を抑えようとする抵抗力を減衰力と呼び、減衰力を生み出す機能部品をショックアブソーバという。減衰力の働きによって**図4-47**（II）、（III）のように振動が収まる現象を制振作用という。

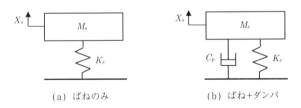

　(a) ばねのみ　　　　　　　(b) ばね+ダンパ

図4-46　ばね、ダンパ振動モデル

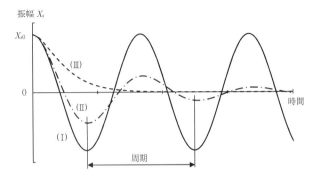

図4-47　ばね－質量系の自由振動特性

減衰力は、質量 M_s が動いているときにそれを抑えようとして働く力であるから、動いていないときにはその力はゼロになる。したがって、ショックアブソーバの性能はそれが動くときの作動速度（ピストン速度）とそのときの減衰力の大きさで表現し、**図4-48**のような特性を持っている。

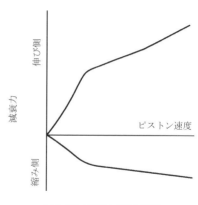

図4-48　減衰力特性線図

自動車規格（JASO C602）では、作動速度（ピストン速度）が0.3m/sのときの減衰力の大きさで、そのショックアブソーバの性能を代表するように規定している。

減衰力の大きさによって、車体や車輪の動きは**図4-47**に示すような異なった動きを見せるので、その特性をどのようにするかで、車の性格が変わってしまうといっても過言ではない。

表4-2に実際の各種走行状況におけるショックアブソーバの作動速度を示す。急発進、急制動、急操舵などにより車体が姿勢変化するときには、ショックアブソーバの作動速度は比較的遅い。一方、継目路、一般路、高速道路の走行では作動速度はいくぶん速く、突起乗越し、悪路走行時の作動速度はかなり速い。

表4-2　各走行パターンにおけるショックアブソーバの作動速度

運転・走行状態		作動速度（ピストン速度）		
		低速	中速	高速
車体慣性入力	急加速	▨		
	急制動	▨		
	スラローム	▨		
	レーンチェンジ	▨		
路面入力	小突起乗越し	▨▨▨▨		
	大突起乗越し		▨▨▨▨	
	継目路走行	▨▨		
	一般路走行	▨		
	高速道路走行	▨		
	悪路走行	▨▨▨▨▨▨▨		
	ピッチ・バウンス	▨		

4.2.2 構造

かつてリーフスプリングが主流だったときには、板ばねの相互の板間摩擦が減衰効果を持っており、ショックアブソーバに対する高度な要求も少なかった。また、ショックアブソーバとしても、昔は1.1.3項に示した回転式やレバー式が用いられていたが、性能に限りがあること、車両やサスペンション形式に対する汎用性が少ないこと、コストなどの点から現在では筒型のものに置き変わっている。筒型のショックアブソーバは構造的に**図4-49**のように2種類に大別できる。

(1) 複筒式ショックアブソーバ

複筒式ショックアブソーバは、別名標準ショックアブソーバともいわれる。ピストンロッド先端に伸び行程に減衰力を発生させるピストンバルブを置き、シリンダの底には縮み行程に減衰力を発生させるベースバルブを設けている。シリンダの外

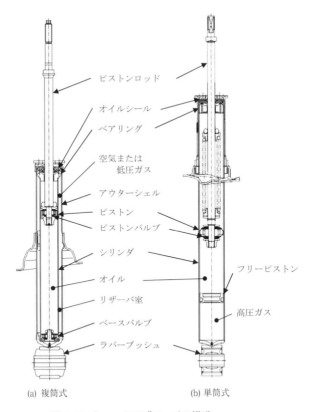

(a) 複筒式　　　　　(b) 単筒式

図4-49　ショックアブソーバの構造

側の油室（リザーバ室）へは、ピストンロッドの進入、退出に相当する容積の油が、ベースバルブを介して出入りする。リザーバ室には大気圧の空気が封じ込められており、これが圧縮、膨張することで油の出入り分の体積を吸収する。

　各々のバルブは円板状の薄板が何枚か重なって構成されている。圧力が加わると、この薄板がわずかにたわんで隙間ができる。減衰力はこの隙間を油が流れるときの抵抗を利用したものである。したがって、薄板の剛性を上げれば、薄板はたわみにくく高い減衰力が得られ、剛性を下げれば低い減衰力が得られる。

　今、ピストンロッドが上方に動き、ショックアブソーバが伸びているとすると、ピストン上室は加圧され、油はピストンバルブをたわませて減衰力を発生しつつピストン下室に流れる。このとき、ピストンロッドの退出に相当する油がピストン下室で不足するが、この不足分はリザーバ室の油がベースバルブに設けられたチェック弁を押し開き、ほとんど抵抗なく流れることによって補充される。

　ショックアブソーバが縮みつつあるときは、ピストン下室の油はほとんど抵抗なくピストンに設けられたチェック弁を押し開き、抵抗なくピストン上室に流れ込むが、同時にピストンロッドの進入によってピストン下室は加圧される。加圧された油はベースバルブを押し開き、減衰力を発生しつつリザーバ室に流れ込む。

　このタイプのショックアブソーバは伸び行程のとき、ピストン下室にリザーバ室より大気圧の油を吸い込むので、キャビテーションといって油中に溶け込んでいた空気が気泡となって現れる現象が起こりやすい。この現象は作動速度が速いときや連続して作動するときほど顕著であり、正常な減衰力の発生を妨げたり、音の発生の原因になったりすることがある。しかし一般走行ではあまり問題にならないので、この標準ショックアブソーバは多くの車に使用されている。

　また、構造は全く同じであるが、リザーバ室に空気の代わりに低圧の窒素ガスを封入した、複筒ガス入りショックアブソーバと呼ばれるものもある。ガスを封入することにより減衰力の応答性が向上し、音の発生に対しても有利となる。次に説明する単筒式に比べ、安価で高性能が得られるので、現在広く使われている。

(2) 単筒ガス入りショックアブソーバ

　複筒式ショックアブソーバの欠点を補うために、高圧の窒素ガスを封じ込めたものが単筒ガス入りショックアブソーバである。

　このタイプは、伸び行程、縮み行程ともにピストン部に設けられたバルブで減衰力を発生する。リザーバ室は本体下端にあり、フリーピストンで油とガスとは完全に分離されている。伸び行程ではピストン上室が加圧され、油はピストンの伸び側バルブを押し開きピストン下室へ流れる。縮み行程ではピストン上室の圧力が下が

り、相対的にピストン下室の圧力が高くなって、ピストンの縮み側バルブを押し開き上室へ油が流れる。リザーバ室に封じ込める窒素ガスの圧力は、縮み行程時にピストン上室が負圧にならないだけの十分に高い値にしてある。

このタイプのショックアブソーバは減衰力を発生するという機能に関しては最も優れているが、構造上次のような欠点がある。

① ガス室を下端に持っているため取り付け寸法が長くなる。

② 外部への油漏れを防ぐオイルシールには、作動中、ピストン上室の圧力が直接加わるため、高圧下で高信頼性のものが求められる。

③ オイルシールに高圧が作用するので摺動抵抗が大きくなる。

④ コストが比較的高い。

以上より、単筒ガス入りショックアブソーバはスポーツ仕様車やラリー仕様車、高性能な乗用車に主に採用されている。

4.2.3　性能

(1) 減衰力特性

ショックアブソーバの性能を代表する値として減衰力速度特性が挙げられることは前にも触れたが、これはバルブを流れる油の抵抗を利用して発生させている。

バルブの構造を簡略化して示すと、**図4-50**のようになる。油の流れに対し隙間を作るリーフバルブと呼ばれる薄板は、ピストン側面にある山の稜線のようなシート面に押し付けられている。このシート面の一部にはオリフィスと呼ばれる小さな溝を数ヵ所設けてある。

ピストンの動きがゆっくりのときは、バルブを通過する油の量は少ない。この時は図4-50の左半分のように上流側の圧力はリーフバルブをたわませることはなく、油はオリフィスのみを通って下流側へ流れる。

ピストンの動きが速くなると、

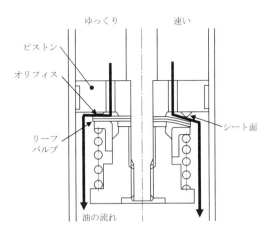

図4-50　減衰力発生のしくみ

オリフィスを通過する油の量が多くなり上流側の圧力が高くなる。この圧力が所定の圧力より高くなると**図4-50**の右半分のようにリーフバルブをたわませ、シート面との間に隙間ができ、隙間に応じた抵抗を発生しつつ下流側へ流れる。

オリフィスを流れるときの抵抗は、油の流量すなわち作動速度の2乗に比例した特性を持ち、リーフバルブを流れる抵抗は流量に対し比例に近い特性を持つ。したがって、全体としては**図4-51**に示すように二つの特性が組み合わさったものになる。

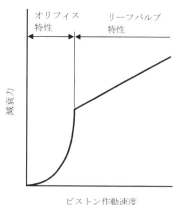

図4-51　減衰力特性

(2) フリクション

ピストンやピストンロッドが摺動しながら動いているので、筒型のショックアブソーバには摺動抵抗がある。これはフリクションと呼ばれ、ショックアブソーバの性能を左右するもう一つの特性である。

ショックアブソーバの伸縮方向が変わるときには、フリクションの影響が顕著に現れる。というのは、行程の移り変わるときにはショックアブソーバの作動は一瞬止まり、減衰力は発生しない。このような状況でフリクションが大きいと、路面からの細かな突き上げはショックアブソーバを通って直接車体に伝わり、乗心地を損なうことになる。そこで、摺動部には摩擦係数の少ない部材を挿入して、摺動抵抗が小さくなるようにしている。

4.2.4　ストラット型ショックアブソーバ

最近の小型乗用車のフロントサスペンションは、ストラット型が主流になっている。このタイプのショックアブソーバは本来の減衰力の発生機能のほかに、サスペンションメンバの一部として車輪の位置決めを行なう構造部材としての役目も受け持っている。

図4-52にストラット型ショックアブソーバの構造を示す。構造は複筒式のショックアブソーバと同じであるが、強度を確保するためにピストンロッドやアウターシェルが太く頑丈にできている。ピストンロッドの上端はストラットマウントを介して車体に取り付けられる。アウターシェルの下端には車輪を保持するナックルを

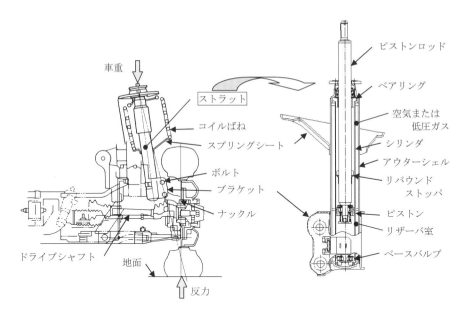

図4-52 ストラット型ショックアブソーバ

締結するためのブラケットが溶接されている。アウターシェルには懸架ばね（コイルばね）を支えるスプリングシートが取り付けられている。

　標準ショックアブソーバが、必要とする減衰力の大きさからシリンダやピストンロッドの径が選ばれるのに対して、ストラット型ショックアブソーバは強度部材であるため、それに働く力の大きさからアウターシェルやピストンロッド径が選ばれる。標準ショックアブソーバと同様に、リザーバ室に低圧ガスを封入したものと、封入しないものの2種類がある。

　ストラット型ショックアブソーバは車体を支えており、車体重量や車体に作用する慣性力などによる曲げ力が作用することから、摺動部のフリクションの増加は避けられない。そのために、ベアリングやピストンには低摩擦摺動部材を装着して摺動性の向上を図っている。また、フリクションの低減には摺動材の工夫はもちろんであるが、そこに加わる力自体を小さくすることが重要である。そのために、途中にリバウンドストッパを設け、ベアリングとピストンは可能な限り離し、曲げ力が働いたときにその部分の反力が大きくならないようにしたり、ばねの力線をストラット軸に対して傾け、曲げ力をキャンセルする工夫がされている。

4.2.5 特殊機能付きショックアブソーバ

作動速度に対して一意的に減衰力が決まってしまうショックアブソーバに対して、乗心地と操安性の二律背反関係を調和させたより良いサスペンションを求めて、ショックアブソーバも近年、次々と改良が加えられている。

(1) 減衰力可変ショックアブソーバ

ショックアブソーバには減衰力特性を選択できるようにしたものがある。**図4-53**、**4-54**は前項で説明したオリフィスの大きさを選択して切替えることで、減衰力特性を複数選べるようにしたものである。

ロータリバルブには大きさの異なるオリフィス穴が複数開けてあり、これを回転してオリフィス穴を選ぶと、そのオリフィス穴の面積にあった特性が得られる。したがって、それぞれのオリフィスの特性とリーフバルブの特性を組み合わせることで、**図4-55**のような複数の特性を作り出すことができる。

図4-53の場合は、ロータリバルブをピストンロッドの中に入れ、ピストンロッドの中心に通したコントロールロッドでこれを回転することによりオリフィス穴の選択を行なう。このタイプは、特性を手動で切替えられるのはもちろん、ロータリアクチュエータ（例えばステッピングモータ）と組み合わせて電気的に切替えることもできる。

図4-54のタイプは、オリフィス可変部をショックアブソーバの側面に設けたことで、ロータリバルブ径を大きくでき、最大8種類の特性を選ぶことができる。

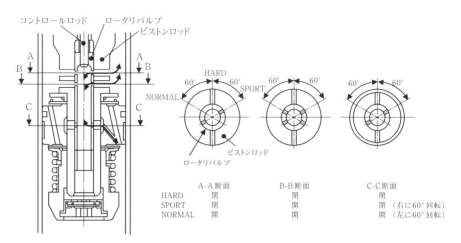

図4-53 減衰力可変ショックアブソーバのピストン断面図（3段階可変）

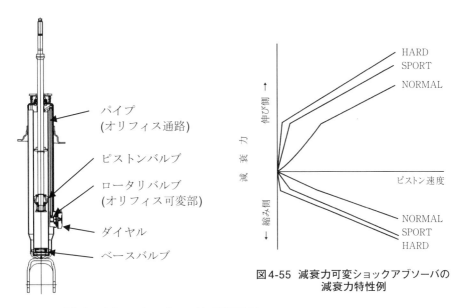

図4-54 減衰力可変ショックアブソーバ（8段階可変）

図4-55 減衰力可変ショックアブソーバの
減衰力特性例

(2) 周波数感応式ショックアブソーバ

　3.2.1項の(3)で、ショックアブソーバの減衰力が車体の振動に及ぼす影響は、路面からの入力周波数により異なることを示した。すなわち、車体が共振する1〜2Hz付近の周波数域では減衰力は高い方が振動を抑制するが、それ以上の周波数域では減衰力は低い方が振動を伝えにくい。また、操安性にとっては減衰力が高い方が好ましく、ステアリング操作などの周波数もせいぜい1Hz程度であるので、路面入力による共振の周波数域内にある。したがって、2Hz程度を境に、低い周波数では高い減衰力、高い周波数では低い減衰力を発生するショックアブソーバがあれば乗心地と操安性を両立でき、理想的であるといえる。

　この考えは昔からいわれているが、実際に商品化されたのは1980年代の半ばくらいからである。その後、いろいろな方法が考案され、改良が行なわれてきた。**図4-56**に示したものは2009年に登場し、現在採用が拡大しつつあるものである。通常のショックアブソーバのピストンバルブをバイパスする通路中に、ばねで支えられたフリーピストンを介し、オリフィスで連通させた構造となっている。

　これの動的な挙動を定性的に説明するのは難しいので割愛するが、結果として、低い周波数ではピストンバルブをバイパスする流量は少なく高減衰力が得られ、高

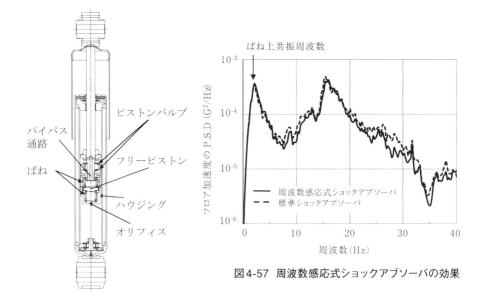

図4-57　周波数感応式ショックアブソーバの効果

図4-56　周波数感応式ショックアブソーバの例

い周波数ではバイパスする流量が大きくなり、低い減衰力が得られることになる。**図4-57**は、このショックアブソーバを実車に装着したときの車体フロア加速度のパワースペクトル密度を計測した結果である。周波数感応機能がないものに比べて、ばね上共振周波数以上の周波数域で加速度が小さくなり、乗心地が向上していることが分かる。

(3) 振幅感応式ショックアブソーバ

前章の**図3-2**で示したように、路面からの入力は低い周波数では振幅が大きく、高い周波数では振幅が小さい。振幅感応式ショックアブソーバはこの特徴に着目し、小振幅では低減衰力、大振幅では高減衰力を発生するようにして、車体が大きく揺れるときの制振作用と、路面からの小さな振動の伝達防止の両立を図ったものである。ねらいは、前述の周波数感応式ショックアブソーバと同じである。

金属ベローズにガスを封入しその圧縮性を利用する方法、大流量（大振幅）時に積極的に渦を発生させ圧力差を高める方法などが1980年代に採用されたことがあるが、普及はしなかった。2004年にMercedes-Benz A-classに**図4-58**に示す振幅感応式のショックアブソーバが採用され、その後ほかのモデルにも現在多く展開されている。

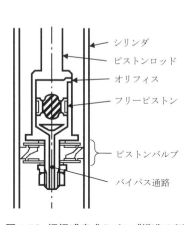

図4-58 振幅感応式のバルブ構造の例

シリンダ
ピストンロッド
オリフィス
フリーピストン
ピストンバルブ
バイパス通路

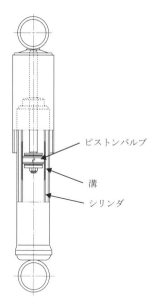

ピストンバルブ
溝
シリンダ

図4-59 位置依存式ショックアブソーバの例

ピストンバルブをバイパスする通路中にフリーピストンとオリフィスを設けた構造で、**図4-56**の周波数感応式のばねがないものとなっている。小振幅時はフリーピストンがストローク範囲内で変位し、ピストンバルブをバイパスする流れが発生して低い減衰力を発生する。前述の減衰力可変ショックアブソーバでオリフィスを開いたときと同じ原理である。振幅が大きいときは、フリーピストンがストロークエンドまで変位してそれ以上は動かず、バイパスする流れが止められるので高い減衰力を発生する。この方式の欠点は、ショックアブソーバの伸び行程と縮み行程が変化するとき、必ず低減衰力になる瞬間が存在することである。オリフィスをあまり大きくすると、スラロームなどの操安性に影響が出ることが懸念される。

(4) 位置依存式ショックアブソーバ

振幅依存と同じような考えで、標準車高付近の小ストローク範囲では低い減衰力となり、それ以外の部分では高い減衰力を発生するのが位置依存式ショックアブソーバである。**図4-59**に示すように、シリンダに軸方向の溝が設けてあり、溝のある範囲ではピストンバルブをバイパスする通路（オリフィス）が形成され低い減衰力を発生し、溝から外れた位置では高い減衰力を発生する。この構造以外にも、シリンダにリザーバと連通するオリフィスを設ける方法や、ピストンロッドを中空にし、ボトム部分からロッドを立てて嵌装させバイパスオリフィスを形成する方法、

オリフィスの２乗特性を嫌って、ピストンバルブ部分をダブルピストンにした構造のものもある。

図4-60はこのショックアブソーバを正弦波で加振し、横軸に変位、縦軸に減衰力をプロットした特性図である。溝のある部分では減衰力が低くなっているのがよく分かる。

乗員数の変化や荷物を積んで車高が下がるとピストンの位置が溝から外れて、ねらいの効果が発揮できなくなる。このショックアブソー

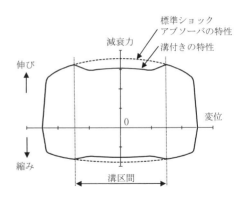

図4-60 位置依存式ショックアブソーバの減衰力特性

バは振幅に感応して乗心地を向上させるという本来の目的ではなく、むしろこの欠点を利用して、次に説明する積載量感応機構として用いられることが多い。日本では現在採用されている車はないが、欧州ではミニバンや商用バンで使われている例がある。

(5) 積載量感応式ショックアブソーバ

乗員数や積荷の変化によりばね上の質量が増大すると減衰係数比ζが小さくなり、減衰力が不足することとなる。このため、通常のショックアブソーバでは、１～２名乗車時の乗心地を多少犠牲にしても、質量がある程度増大した状態で乗心地や操安性を確保できるように設定されることが多い。特に乗車人数の多いミニバンや荷物を多く積む商用バン、トラックなどはこの傾向が強い。積載量感応式ショックアブソーバは、この問題を解決するために生み出されたものである。

図4-61に積載量感応式ショックアブソーバの例を示す。これは金属ばねの車に使用するもので、人員や積載量が増加すると車高が下がり、ショックアブソーバのピストン位置が変化することを利用している。ピストンバルブをバイパスする通路中に低減衰力を発生するサブバルブを設け、バイパス通路の開閉をシャッタで行なっている。シャッタはピストン位置が上方にあるときに開いた状態になっており、ピストン位置が下がった状態ではコントロールスプリングによりバイパスポートを閉じるようになっている。拡大図の左半分はバイパスポートが開いた状態、右半分は閉じた状態を示している。このショックアブソーバの位置依存式との相違は、シャッタの移動により形成される空間をダッシュポット（減衰機構）として使用している点である。コントロールスプリングのばね力に対し、大きな抵抗力を発生するよう

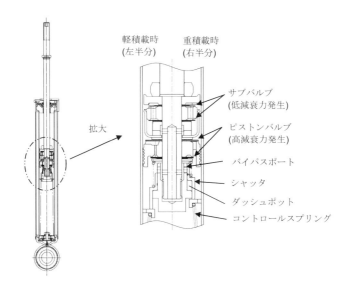

図4-61 積載量感応式ショックアブソーバの例

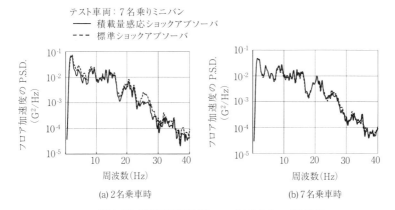

図4-62 積載量感応式ショックアブソーバの効果

になっており、この効果により、通常の車体の振動ではシャッタはほとんど動かず、振動中の平均車高に応じた減衰力を維持することができる。

　このショックアブソーバをミニバンに装着したときのフロア加速度のデータ例を図4-62に示す。高減衰力の値を標準のショックアブソーバと合わせてあるので、7名乗車時の加速度に差異はないが、2名乗車時では加速度が小さくなり、乗心地が向上しているのが分かる。

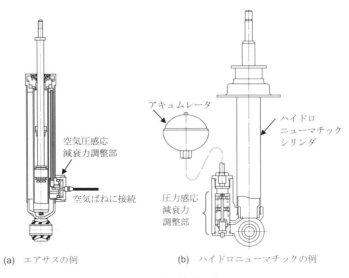

空気圧感応
減衰力調整部

空気ばねに接続

アキュムレータ

ハイドロ
ニューマチック
シリンダ

圧力感応
減衰力
調整部

(a)　エアサスの例　　　　　　　　(b)　ハイドロニューマチックの例

図4-63　積載量感応機構の他の例

　これ以外にも空気ばねの空気圧を利用して減衰力を変える方式や、ハイドロ
ニューマチックサスペンションの油圧力を利用して減衰力を変化させる方式もあ
る。これらの例を**図4-63**に示す。

(6) 連成ショックアブソーバシステム

　今まで説明してきた特殊機能付きショックアブソーバは全てショックアブソーバ
単体で機能するものであった。ここに説明する連成ショックアブソーバシステムは
2本のショックアブソーバ、あるいは4本のショックアブソーバを配管で結合し、
ショックアブソーバ単体では達成できない機能を発揮させるシステムである。

　図4-64 (a) に示したものは相互連携ショックアブソーバシステム[11]と呼ばれるも
ので、通常のショックアブソーバが作動速度のみに依存して減衰力を発生するのに
対し、このシステムでは減衰力は2本のショックアブソーバの速度差にも依存する。

　2本の単筒式ショックアブソーバは、それぞれのシリンダ室が中間ユニットを介
して連結されるように構成されている。中間ユニットは内部が段付フリーピストン
でガス室と油室に仕切られ、小径のピストンには減衰力バルブが装着されている。
また、段付フリーピストンの大径側断面積 A_2 は小径側ピストンの断面積 A_1 の2倍
になるように設定されている。

　2本のショックアブソーバが同位相で動く時には、ピストンロッドの出入りする
分の体積はフリーピストンが動くことで吸収され、中間ユニットの減衰力バルブに

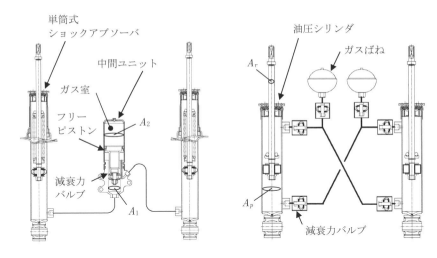

(a) 相互連携ショックアブソーバシステム　　(b) アンチロール　ショックアブソーバ

図4-64　2輪連成サスペンションの例

は油は流れない。すなわち、単筒ガス入りショックアブソーバと同じ機能となる。2本のショックアブソーバが逆位相で動くときにはフリーピストンは動かず、油は縮み行程側のショックアブソーバから伸び行程側のショックアブソーバに流れる。このとき、減衰力バルブを油が流れることにより差圧を発生し、バルブの上流側の圧力は上昇し、下流側の圧力は低下する。このバルブの前後の圧力はそれぞれのショックアブソーバのシリンダ圧となっているので、縮み側のショックアブソーバではシリンダ圧力が増加することで縮み側減衰力が増大し、伸び側のショックアブソーバではシリンダ圧力が低下することで伸び側減衰力が増大する。車で考えると、直進走行時には減衰力が低く、車体がロールするときには高い減衰力が発生することとなり、スタビライザの減衰力版といえる。

　このシステムは後述の電子制御サスペンションに比べ応答遅れが極めて少なく、外輪側の沈み込みエネルギにより内輪側を引き込むなど、相互エネルギ伝達によりパッシブダンパでは出し得ない効果も持っている。単にロールやピッチの抑制だけでなく、操舵応答やリニア感、限界時のコントロール性や旋回制動時の安定性なども向上できる。

　図4-64 (b) は2本の油圧シリンダのピストンで仕切られる上下室をクロス配管で接続し、それぞれの配管の接続口、及びガスばねの部分に減衰力バルブが設けられたもので、アンチロールショックアブソーバとも呼ばれている。**図4-64 (a)** は

減衰力のみが変化するものであったが、これは同時に逆位相時のばね力も変化させる（スタビライザの効果）ことをねらったものである。同位相時にはピストンロッドの断面積 A_r に相当する油が、逆位相時には $(2A_p - A_r)$ の面積に相当する油がガスばねに給排される。減衰力バルブを流れる流量が変化することで、逆位相時の減衰力が増大するとともに、油空圧ばねのばね定数も大きくなり、ロール剛性が増加する。

　次に4輪のショックアブソーバを連成したシステムについて説明する。**図4-65(a)** は4本の油圧シリンダを図のように配管接続したものである。4輪が同位相（バウンス）で動くときには油空圧ばねに給排される流量は少なく減衰力、ばね力とも小さいが、左右逆位相（ロール）の場合には流量は大きくなって減衰力、ばね力とも大きくなりロール低減の効果が得られる。さらに、ワープ（対角が同位相で左右が逆位相）の状態では4輪同相と同じように油空圧ばねに給排される流量は小さく、

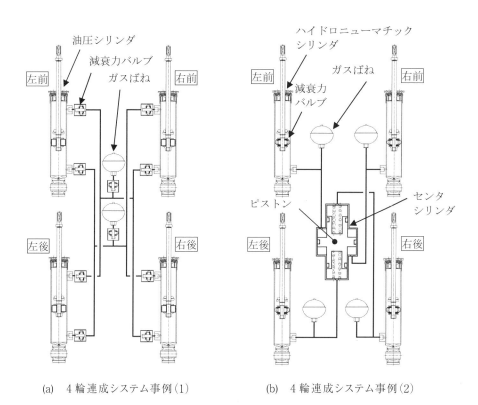

(a)　4輪連成システム事例（1）　　　　(b)　4輪連成システム事例（2）

図4-65　4輪連成ショックアブソーバシステムの例

減衰力、ばね力とも小さくなる。不整路を走行するときには4輪の接地力が確保でき、SUVなどの車に向いている。

図4-65 (b)はハイドロニューマチックサスペンションをベースにセンタシリンダというユニットを介して4輪を連成させたシステムである。センタシリンダは段付ピストンにより4つの油室が形成され、図のように各輪のハイドロニューマチックシリンダに接続されている。直進や加減速時には左右輪の油空圧ばねの圧力はほぼ同じなのでセンタシリンダのピストンは動かない。旋回時には左右の油空圧ばねに大きな圧力差が生じるので、ピストンの圧力バランスがくずれ、前輪または後輪の圧力差の大きな方から小さな方に向かってピストンは動く。すると、圧力差の小さい方の油空圧ばねには油が供給されてガス室が圧縮され圧力が増大してばね定数が高くなり、反対に圧力差の大きい方の油空圧ばねでは油が排出されて圧力が減少しばね定数が低くなる。

通常ハイドロニューマチックサスペンションでは、後軸のばね上質量が増加した際にレベリングを行なうと後軸のばね定数が増大し、旋回時にはステア特性はオーバステア方向に向かう。しかし、このシステムでは前軸のロール剛性を高め、後軸のロール剛性を低下させるので、旋回時のステア特性変化を補正する機能を持っている。

参考文献

1) ばね技術研究会：ばね、丸善、1970年
2) 石井輝男：自動車工学、Bol.38、No.6、鉄道日本社、1989年
3) 日本鉄道車両工業会：防振ゴム、現代工学社、1975年
4) 小口泰平：自動車工学全書、第11巻、山海堂、1980年
5) 石井輝男：自動車工学、Bol.38、No.6、鉄道日本社、1989年
6) 木津龍平：自動車技術、Vol.39、No.3、1985年
7) 見田晃：自動車技術、Vol.40、No.10、1986年
8) 入江南海雄：自動車技術、Vol.39、No.3、自動車技術会、1985年
9) 新編自動車工学便覧、自動車技術会、1984年
10) Wihelm Dreyer：Untersuchungen von Luftfeder-Rollbalgen fur Personen-kraftwagen, ATZ Automobiltechnische Zeitshrift 88, 1986
11) 坂井浩二："相互連携ショックアブソーバシステム"フルードパワーシステム、Vol.34、No.3

第5章　サスペンションの設定

5.1　サスペンション形式の設定

　サスペンション形式は設計者が自由に決められるものではない。車両コンセプトの諸条件や性能目標値、スペース、コスト、重量などを考慮して車両の計画段階で企画部門やエンジン、ボデー、その他の設計部門とすり合わせながら決められる。継続モデルであれば、基本形式は前モデルを踏襲する場合が多いが、時には構造を大きく刷新する場合もある。

　サスペンション形式は単に性能面だけでなく、スペースの制約によるところも大きい。車は限られた大きさのなかで、デザインを守りながら、エンジンやトランスミッションなどの大物部品の配置、居室空間や荷室を確保しなければならない。燃料タンクも衝突時を想定してなるべく後席のすぐ後ろくらいに配置される。また、最近はプラットフォームの共通化が図られており、様々な派生車のことも最初の段階で考慮する必要がある。サスペンション形式はこのようなレイアウトの問題と性能の問題の両方を考慮しながら設定される。

　例えばFF車（前輪駆動車）ではエンジン、トランスミッションが横置きされるので、ダブルウイッシュボーン式ではアッパアームの配置がしにくい。その点ストラット式ではアッパアームを必要としないので、エンジンルームが広く取りやすく、中小型車のフロントサスペンションとして適しており、多く採用されている。また、リヤのサスペンションでは荷室を確保しやすいトーションビーム式がよく採用される。

　一方、商用バンなどではリヤの積載量変動が大きいので、2段ばね特性を設定しやすいリーフスプリングを用いたリジッドアクスルを採用する場合が多い。また、SUVなどオフロードを主体とした車では、独立懸架では取れるストロークに限りがあるので、走破性を向上させるために、大きなストロークを取ることが容易なリジッドアクスルのサスペンションが多く採用される。

　過去には様々なサスペンション形式が登場したが、長い年月の間にサスペンション形式も徐々に収斂してきたように思われる。最近のトレンドは、

①中・小型車…前：ストラット式、後：トーションビーム式
②高級車・高性能車…前＆後：ダブルウイッシュボーン式、5リンク（マルチリンク）式
③商用車・SUV…前：ダブルウイッシュボーン式、後：リジッドアクスル（リーフ、リンク）式

であり、画期的な方式が発明されない限り、この傾向は続くと思われる。

5.2　サスペンションジオメトリの設定

　サスペンションジオメトリの設定は、サスペンションがストロークしたときのアライメント変化をどのように設定し、目標とする操縦性・安定性を実現するかである。サスペンション形式が同じでも、アライメント変化の設定の仕方で、車の特性は大きく異なる。主なものにトー変化、キャンバ変化、キングピン傾角、キャスタ角、トレッド変化などがあり、そのほかにロールセンタ高さなども重要な特性である。スペース的な制約があるのはもちろんのこと、特別な高性能車は別として、ほとんどの車は前輪と後輪は同じタイヤを使用することが前提条件となっており、これらの制約条件の中でより良いジオメトリを設定していく必要がある。

5.2.1　トー変化

　操舵時、車両がロールしたときのトー変化はロールステアと呼ばれ、実際の舵角はステアリング操作にこの分が付加され、ステア特性に大きく影響する。また、直進走行時でも路面のうねりによりサスペンションがストロークしてもステアが発生し、直進性を低下させてしまう。後席の乗員数増加や、荷室に荷物を積んでリヤの車高が低下したときも、トー変化が大きいとステア特性に影響を与える。トー変化は小さい方が良いが、車両を弱アンダステア特性に設定するために、前輪ではバンプ時にわずかなトーアウト、後輪ではバンプ時にわずかなトーインと設定される場合が多い。

5.2.2　キャンバ角変化

　キャンバ角変化は対ボデーキャンバ変化と対地キャンバ変化の二つの見方があるが、操縦性・安定性（操安性）を考える場合、対地キャンバ変化が重要である。3.3.2

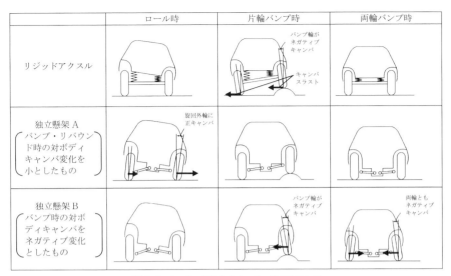

	ロール時	片輪バンプ時	両輪バンプ時
リジッドアクスル		バンプ輪がネガティブキャンバ / キャンバスラスト	
独立懸架 A バンプ・リバウンド時の対ボディキャンバ変化を小としたもの	旋回外輪に正キャンバ		
独立懸架 B バンプ時の対ボディキャンバをネガティブ変化としたもの		バンプ輪がネガティブキャンバ	両輪ともネガティブキャンバ

図5-1 キャンバ変化とキャンバスラスト[1]

節で説明したように、対地キャンバ変化はキャンバスラストを発生する。旋回性能を高めるためには、ロール時にキャンバスラストを上手く活用することも考えられるが、最近は昔に比べタイヤが幅広扁平化しており、旋回外輪側で対地キャンバを小さい状態にしてコーナリングフォースによるグリップを確保する方向にある。

　一方、車両がロールしたときの対地キャンバが小さいということは、対ボデーキャンバが大きいということでもある。直進時に路面のうねりなどで片輪がバンプ状態になるとキャンバスラストが発生し直進性を悪化させる。キャンバ角変化は、旋回性能と直進性においてトレードオフの関係にあり、両者を大きく悪化させない適切な特性に設定される。リジッドアクスルと独立懸架の場合のキャンバ特性変化によるキャンバスラストの作用を**図5-1**に示す。

5.2.3 キャスタ角・キングピン傾角

　キャスタ角、キングピン傾角はともにキャンバ角変化に影響する。前輪キャスタ角を大きく設定するとトレールも大きくなり直進安定性が向上する。旋回時には外輪側のキャンバ角がネガティブ方向に変化し横力が増大するのでアンダステアが弱まり、最大横加速度も向上する。キングピン傾角もキャスタ角ほど影響は大きくないものの、同様の作用を与える。**図5-2**にキャスタ角とキングピン傾角を変えた場

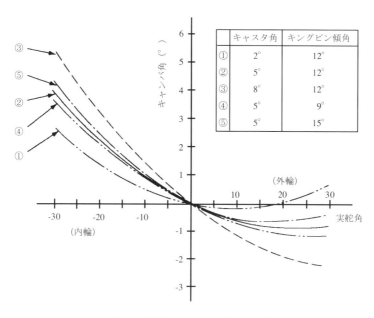

	キャスタ角	キングピン傾角
①	2°	12°
②	5°	12°
③	8°	12°
④	5°	9°
⑤	5°	15°

図5-2 操舵時のキャンバ角変化[1]

合の実舵角に対するキャンバ角変化の例を示す。①～③の比較でキャスタ角の影響を、②、④、⑤の比較でキングピン傾角の影響を見ることができる。

5.2.4 トレッド変化

サスペンションが伸び縮みするとトレッドも変化する。その作用は3.3.3項で説明したとおりであるが、直進性の悪化を招くので積極的にトレッド変化を利用することはあまりなく、基本的にはゼロが好ましい。リジッドアクスル式は構造上トレッド変化を生じないが、独立懸架では原理的にゼロにはできない。アームやリンクの長さを長くしてトレッド変化を極力小さくするように設定される。

5.2.5 ロールセンタ

ロールセンタは3章でも説明したように、車体がロールするときの瞬間中心である。したがって、ロールに伴ってロールセンタの位置も変化するが、計算を簡単にするために、ロール角が小さいときには便宜上ロールセンタ回りに回転するものと

して取り扱うことが多い。車全体では前後輪のロールセンタを結んだロール軸回りに回転すると考える。

ロールセンタは高いほどロールを小さくできるが、高く設定しすぎると内輪側のジャッキアップ現象の発生につながる恐れがある。また、ロールセンタが高いとロールモーメントが小さくなり、それに釣り合う左右輪間の荷重移動も小さくなって、ステア特性にも影響を及ぼすので、これらを配慮した設定が必要となる。

このほかにも、加減速時にノーズダイブやスクワットの姿勢変化に影響を与えるアンチダイブやアンチリフトのジオメトリもあるが、ここでは説明を省略する。

以上、いくつかのアライメント変化の影響について説明したが、これらは相互に密接な関係があり、背反となる特性もある。昔の車は常にステアリングで修正を与えないとまっすぐ走らず、路面の凹凸で進路を乱される車も結構あった。しかし、現在はどの車も大きな不満なしに走ることができる。これは一朝一夕にできたものではなく、コンピュータシミュレーション技術の発展と、長年の地道な改良により積み重ねられた技術の結果である。主なサスペンション特性の一般的な設定範囲を**表5-1**に示す。

表5-1 各サスペンション特性の一般的範囲[1]

サスペンション特性項目	特 性 値
トー変化	前輪：0〜アウト0.5°／50 mmバンプ
	後輪：0〜イン0.5°／50 mmバンプ
キャンバ変化	対ボディ：−2〜+0.5°／50 mmバンプ
キングピン傾角	5〜15°
キングピンオフセット	−10〜+30 mm
ホイールセンタオフセット	30〜70 mm
キャスタ角	FF車：1〜7°
	FR車：3〜10°
トレール	0〜40 mm
トレッド変化	−5〜+5mm／50mmバンプ（片輪当たり）
ロールセンタ高	0〜150mm（独立懸架）
ロール剛性	ロール率に換算し1.5〜4°
前後剛性	2〜5mm／980N（100kgf）負荷
前後力コンプライアンスステア	アウト0.5°〜イン0.5°／ホイールセンタ980N（100kgf負荷）
	アウト0.3°〜イン0.3°／接地点980N（100kgf負荷）
横剛性	0.3〜3mm／接地点980N（100kgf負荷）
横力コンプライアンスステア	前輪：0〜アウト0.2°／980N（100kgf）内向き負荷
	後輪：アウト0.1〜イン0.1°／980N（100kgf）内向き負荷
荷重たわみ特性	バンプストローク：70〜120mm
	リバウンドストローク：80〜130mm
	サスペンションレート：ばね上固有振動数に換算して1〜2Hz程度
減衰力特性	減衰比（C/C_c）に換算して0.2〜0.8

5.3 ばね特性の設定

　車両の乗心地を支配する一つの大きな要素はばねである。ばねが「硬い」か「軟らかい」かで、乗心地は大きく異なる。しかし、ばねの硬さの指標であるばね定数だけを比較してみても、乗心地を判断することはできない。3章で述べたように、ばね定数とばね上質量とで決まる固有振動数が一つの尺度となる。さらに詳しく言うならば、このばね定数はホイール位置に換算したばね定数であって、実際のばね定数とはアーム比で関連付けられる。

　アーム比とは**図5-3**に示すように、タイヤの接地点とばねやショックアブソーバの力の作用点が異なることによる「てこ」の原理によるもので、この図の場合アーム比Rは、

$$R = L_B / L_A$$

で表される。タイヤ位置での力F_AはL_B / L_A倍、変位はL_A / L_B倍となるので、タイヤ位置での等価ばね定数K_eは次式となる。

$$K_e = (L_B / L_A)^2 K$$

すなわち、アーム比の2乗に比例した値となる。これはばねだけでなく、5.5節で説明するショックアブソーバにもいえ、その場合、等価減衰係数C_eは以下となる。

$$C_e = (L_B / L_A)^2 C$$

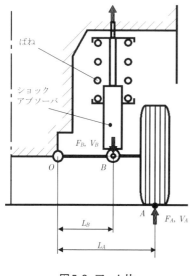

図5-3　アーム比

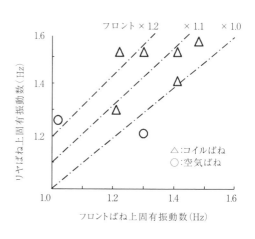

図5-4　全輪・後輪のばね上固有振動数

表5-2 過渡応答法によるばね上・ばね下固有振動数 [2]

車種	ばね下固有振動数（Hz）		ばね上固有振動数（Hz）
	前輪系	後輪系	
軽自動車	13～17.5	13～16	1.5～2.1
大衆車	11～16	12～16	1.4～1.7
小型車	10～15.5	10～17.5	1.2～1.6
中型車	12～13.5	9～13	1.0～1.5

　それでは固有振動数はどれくらいの値に設定されているのだろうか。**表5-2**は車格別にばね上、ばね下固有振動数の設定範囲を示したものである。車格が大きくなるほど、ばね上固有振動数が低く設定されている。これは小さい車ほどばね上質量が軽く、乗員数や荷物によるばね上質量変化の度合いが大きくなるために、このような設定の傾向になっていると考えられる。

　また、**図5-4**は横軸にフロントのばね上固有振動数、縦軸にリヤの固有振動数をいくつかの車についてプロットしたものである。ばらついてはいるが、一般にリヤの固有振動数をフロントに対し高めに設定する場合が多い。これには以下の理由がある。

①リヤは乗員数が変化したり、荷室に荷物を積んで車高が低下するので、バンプストロークを確保するためにばねを硬くしている。

②突起やうねり路を通過するときなど、前輪の入力に対して後輪の入力は時間差をもって入力される。最初はピッチング振動となるが、その後速やかにバウンシングモードに近づけるために、後輪の固有振動数を高めに設定する。

　金属ばね以外にも、各リンクのブッシュ類もばね定数を持っており、無視できるレベルではない。最終的にはいくつかのばね定数違いのばねを造っておき、前後のバランスなども含め実車での評価に基づいて設定される。

5.4　スタビライザの設定

　スタビライザは基本的に左右同位相で動くときには影響を及ぼさず、ロールなどの左右に変位差が生じたときに、懸架ばね力に加えて復元力を発生させるばねである。車両のロールが大きいと人間が不安感を覚えるだけでなく、前述のアライメント変化も大きくなり操縦性に影響を及ぼす。ロールが小さければ小さいほど良いというのではなく、アライメント変化を考慮した適切なロール角になるよう設定される。

　スタビライザはロール角を調整するだけでなく、ステア特性をチューニングする役目も負っている。車体がロール軸回りに回転するものとすれば、左右輪に荷重変

動が生じる。話を簡単にするためにアーム比を1として考えると、ロールによって
生じる前輪の荷重変動をF_f、後輪の荷重変動をF_rとしたとき、旋回時の遠心力と
釣り合うために必要な力F_tは、

$$F_t = F_f + F_r$$

である。見て分かるとおり、これを満たすF_fとF_rの組み合わせは無限にある。一方、
前輪、後輪の平均コーナリングスティフネス（またはコーナリングフォース）はこ
の荷重変動の大きさに依存している。したがって、前輪のスタビライザの剛性比率
を大きくするとアンダステアを強め、逆に小さくすると弱めるように設定できる。
ただ、**図3-16**に示したように、左右輪が同位相でない場合は、スタビライザもば
ねとして作用し、上下振動の乗心地に影響を及ぼすので、剛性を極端に大きくしな
いような考慮も必要である。

図5-5には車両の違いによるロー
ル率（ロール剛性と同様な意味とし
て使用され、求心加速度0.5Gで旋
回したときのロール角）とスタビリ
ティファクタKの関係を示す。ロー
ル率が小さい、すなわちロール剛性
が高い車ほどスタビリティファク
タが小さく、アンダステアの傾向が
弱く設定されていることが分かる。
また、スポーティな車ほどこの傾向
が強い。

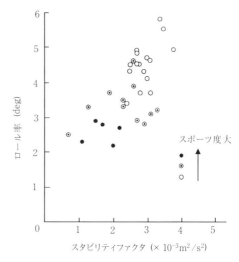

図5-5 ロール率とスタビリティファクタの設定[3]

5.5 ショックアブソーバの設定

ショックアブソーバは伸縮することにより減衰力を発生し、振動を減衰させ、車
体の動きを抑制する機器で、ばねと同様サスペンションには欠かせない部品である。
振動モデルでは減衰力がピストン速度に比例するもの（線形特性）として扱い、そ
の大きさを減衰係数で示していた。また、減衰の仕方の尺度として減衰係数比を用
いて表していた。

しかし、実際のショックアブソーバの減衰力特性は4.2.3項で説明したように、

オリフィス特性やバルブ特性で規定されるように非線形であり、伸び側と縮み側の特性も独立して設定でき、極めて設定自由度は高い。ここではこの非線形特性を利用し、各種入力を考慮した減衰力特性の考え方の一般論について説明する。

　車は良路から悪路までいろいろな路面を走行し、その路面からの入力でショックアブソーバは伸縮される。また路面入力だけでなく、操舵操作や制動力・駆動力によっても車体に慣性力が作用し、車体が動くことによりショックアブソーバも伸縮される。これらの伸縮により発生するピストン速度も非常に広範囲にわたり、各種入力を考慮した減衰力特性の設定が必要となる。減衰力特性の設定の考え方を**図5-6**に示す。

　操舵時や制動・加速時に生じるロール、ダイブ、スクワットのときのピストン速度は低速であり、車体の動きを抑制する観点からピストン速度に対する減衰力の立ち上がり勾配を大きく設定する。特に、重心高の高いSUVやミニバンではこの傾

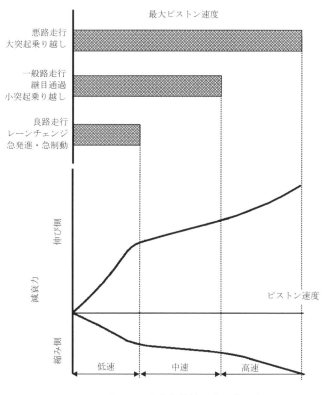

図5-6　減衰力特性設定の考え方

向が強い。良路の走行でもピストン速度は低速であるが入力周波数は高く、この場合は振動を伝えないように減衰力は低い方が好ましいが、車体の動きの抑制とは相反する。現実的にはこの領域ではオリフィスによる２乗型の特性として、極低速の減衰力が低くなるような設定としている。

一般路や継目、小さな突起などでは、もう少し速いピストン速度が発生する。このような状況では乗心地確保のために、車体への力の伝達を抑えるべく、ピストン速度に対する減衰力の勾配を低めに設定する。

最も速いピストン速度が発生する悪路走行や大きな突起を乗り越える場合などは、サスペンションは底突きや伸び切りの状態が発生する。ひどい場合は車体を破損する場合もある。このような場合は入力されたエネルギをバンプクッションのみで吸収させるのではなく、減衰力勾配を立ち上げて、減衰力による吸収エネルギを大きくするとその頻度は少なくなり効果的である。

図5-7は、２自由度の一輪モデルで大きな突起を乗り越したときの、動き始めから最圧縮状態に至るまでの状態を計算し、横軸に縮み側変位、縦軸に車体への伝達力をプロットした例である。減衰係数比を大きくした方が、最大伝達力が大きく低減し、少ない変位量でエネルギを吸収していることが分かる。

以上は、ピストン速度の発生領域に基づいた減衰力の大きさの話であるが、伸び側減衰力と縮み側減衰力の比率についてはどのように設定されているのか。これについては明確な根拠はないが、縮み側の速度は路面からの突き上げで速いピストン速度が発生するので、経験的に減衰力を低めに設定しているようである。一般的な

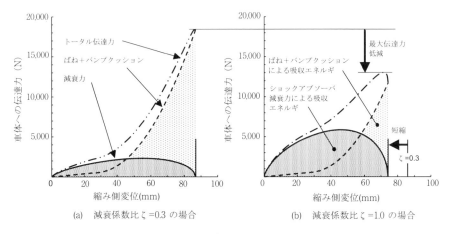

(a)　減衰係数比ζ＝0.3 の場合　　　　(b)　減衰係数比ζ＝1.0 の場合

図5-7　ボトミング時のエネルギ吸収図

乗用車では伸び：縮みが概略2：1～3：1、スポーティな車では1：1～2：1程度となっている場合が多い。ただ、極端な伸び縮み比は、荒れた路面では車高が低下してしまうので注意が必要である。

　また、ショックアブソーバの中にリバウンドスプリングというばねを入れることがある。これはサスペンションが標準位置から伸びるときにのみ作用するばねである。スタビライザと同様、旋回時の内輪浮き上がりの抑制や、ステア特性の調整として使われている。特に空気ばねを用いた車では、ばね特性が非線形で伸び側のばね定数は縮み側に比べ小さくなるので、旋回時に車体が持ち上がる現象が生じやすい。これを抑制するためにも用いられることが多い。

　以上が一般的なショックアブソーバの設定の考え方であるが、実際の車は多種多様であり、車のカテゴリ、ねらっている性能、対象ユーザ、主たる仕向地などでその設定は大きく異なってくる。**図5-8**は種々の車の固有振動数と減衰係数比をプロットしたデータである。乗心地良好な車とスポーティな車とでは、減衰係数比やばねの設定も大きく違うことが分かる。

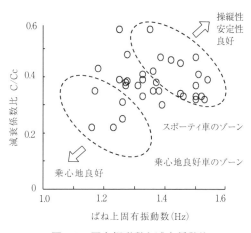

図5-8　固有振動数と減衰係数比

5.6　サスペンションのチューニング

　車両の乗心地や操縦性・安定性の性能を決める要素は今まで説明したとおり数多くある。基本的な性能は、ホイールベース、トレッド、重心位置、サスペンション形式やホイールアライメントなど車両の基本諸元の設定に負うところが大きい。これらは開発の計画段階でほとんど決まり、試作車ができてからの変更は簡単にはできない。したがって、構造を変更することなく、部品の特性を調整することで、乗心地や操縦性・安定性を目標の性能に仕上げていく。これがチューニングである。

　チューニング可能な部品は、ばね、スタビライザ、ショックアブソーバ、ブッシュ類、タイヤである。特にショックアブソーバは、現場で内部部品を組み替えることにより特性をすぐに変更できる。

ばねやスタビライザの設定については概略前述しているので、ここではショックアブソーバのチューニングについて説明する。

5.6.1 ショックアブソーバの開発フロー

ショックアブソーバとばねは親密な関係にあり、第3章に述べた減衰係数比や強度要件などで減衰力の概略設計値が決定される。しかしながら、車両のコンセプトや設計目標によって車両挙動の味付けが必要となり、開発の最終段階まで減衰力のチューニングが行なわれることが一般的になっている。また、コストや重量によって使用できる部品が制約されることもある。開発途中での変更を回避するために、車両の開発初期段階で目的に合ったシリンダサイズ、バルブ形式、摺動部材を選定することが早期開発（目標達成）に重要なポイントとなる。ショックアブソーバの開発フローを以下に示す。

①車両開発目標、コンセプトの把握（シリンダサイズ、バルブ形式、摺動部材等の選定）

②仕向地向け要求特性把握（外気温、路面状況、常用車速等の使用環境）

③評価方法、評価基準の設定、実車評価用語の整合（実車走行試験、台上試験など）

④ショックアブソーバ減衰力チューニング（減衰力値の上下限値の枠決め）

⑤ファインチューニング（乗心地と操安性の両立、前後バランス、伸び／縮みのバランスなど）

⑥ショックアブソーバの品質確認（単体性能、耐久性能、異音の確認）

⑦量産仕様の確定

5.6.2 ショックアブソーバのチューニング

実際のチューニングでは、乗心地と操安性の調整が行なわれる。それらは相反する性能とされており、二つの性能を高次元でバランスすることが要求されている。実車走行評価は、主に人間の感性で行なわれることが多い。感性の定量化については多くの研究がなされているが、路面からの入力がランダムで路面形状や車速によって入力のレベルが変わることから統一された評価基準はなく、物理特性では関連付けできていない部分が多く残されている。これが現在でも官能評価でのチューニングが必要不可欠となっている要因の一つである。

特殊なレース車両などを除いて、一般的には乗心地からチューニングを始め、操

安性との両立の順番で進められる。フロント、リヤとも設計値から減衰力を変化させ、乗心地が許容される上下限値を設定し、実車搭載でのベースラインを決める。最後に操安性の両立、前後バランス、伸び側と縮み側のバランスを詰め、ファインチューニングを行なう。業務を担当するチューナ（チューニング技術者）には指摘された車両での現象を感じ、ショックアブソーバの特性に落とし込み、現象を改善する技量が求められる。ただし、チューニングの進め方はカーメーカやチューナにより異なり一様ではない。チューニングの進め方に対する臨機応変な対応もチューナに求められている。

5.6.3 実車走行評価

　乗心地や操安性の実車走行評価では、人が感じている振動や挙動を特徴的な表現で表す。乗心地についてのフィーリング表現には、周波数と振幅に関連付けられる評価項目とショックアブソーバ特有の評価項目が挙げられる。ただし、フィーリング表現はカーメーカにより異なり、統一はされていない。主な評価用語を以下に示す。また、ショックアブソーバメーカから見た周波数—振幅—乗心地用語の関連図を図5-9に示す。

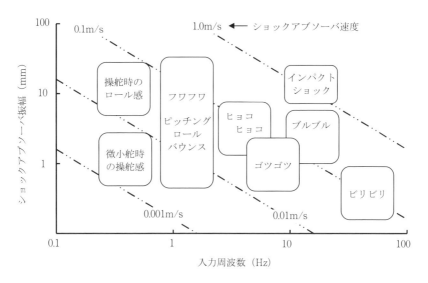

図5-9　周波数—振幅—乗心地用語の関連図（イメージ）

(1) 乗心地評価用語

①フワフワ、ヒョコヒョコ、ゴツゴツ、ブルブル、ビリビリ、インパクトショックなど

②ショックアブソーバ特有の表現

ストローク感、減衰感、減衰力の応答性、つながり（リニアリティ）など

(2) 操縦安定性評価用語

操舵に対する車両の応答性、つながり（リニアリティ）、直進安定性、操舵感（手応え）など実車走行試験では、これらフィーリング表現を基に評価シートを用いて点数を付け、車両の良否を数値化している。カーメーカ及び部品メーカ毎に独自の評価シートが存在するが、着目する項目が明確な場合は評価項目を絞り込んで実施することもある。チューニング時の評価シート例を図5-10に示す。評価シートの使用方法としては基準車両との相対評価のほかに絶対評価で評点付が行なわれることもある。

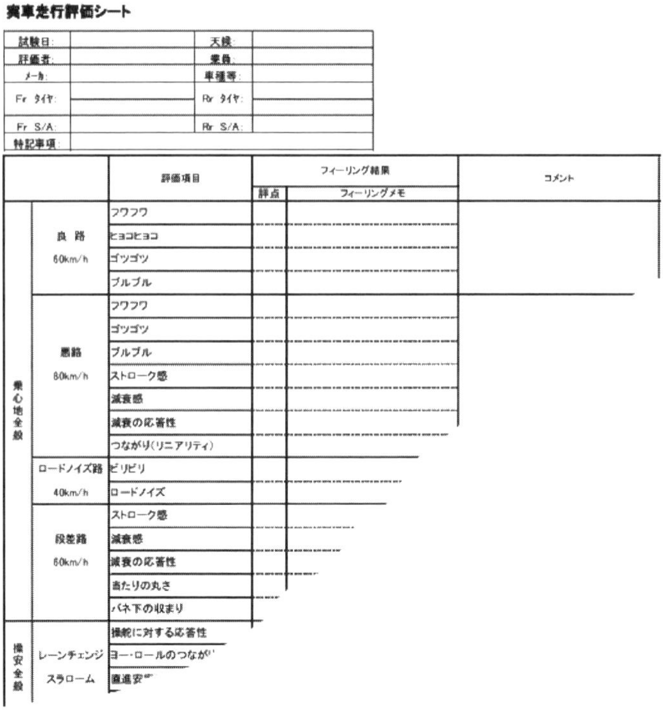

実車走行評価シート

試験日:		天候:	
評価者:		乗員:	
メーカ:		車種等:	
Fr タイヤ:		Rr タイヤ:	
Fr S/A:		Rr S/A:	
特記事項			

		評価項目	フィーリング結果		コメント
			評点	フィーリングメモ	
乗心地全般	良 路 60km/h	フワフワ			
		ヒョコヒョコ			
		ゴツゴツ			
		ブルブル			
	悪路 80km/h	フワフワ			
		ゴツゴツ			
		ブルブル			
		ストローク感			
		減衰感			
		減衰の応答性			
		つながり(リニアリティ)			
	ロードノイズ路 40km/h	ビリビリ			
		ロードノイズ			
	段差路 60km/h	ストローク感			
		減衰感			
		減衰の応答性			
		当たりの丸さ			
		バネ下の収まり			
操安全般	レーンチェンジ	操舵に対する応答性			
		ヨー・ロールのつながり			
	スラローム	直進安定性			

図5-10 チューニング時の評価シートの例

5.6.4 テストコースの活用

　前述した様に開発車両は仕向地により環境や文化、風習が異なる。特に路面状況や常用車速は大きく異なり、路面については北米のフリーウェイホップ路（代表例：ロサンゼルス110フリーウェイ）（**図5-11**）や欧州のアウトバーン、カントリー路など、日本にはない特徴的な路面がある。欧州のアウトバーンについては車速制限がない区間があり、非常に高い車速域での評価も必要となっている。カーメーカや部品メーカのテストコースには世界の特徴的な路面が模擬されている。

　また、ドイツにあるニュルブルクリンクサーキット（**図5-12**）は世界で最も長く、世界有数の難関コースとして有名である。車両の総合性能がラップタイムに反映されやすいことから、スポーティな車両などの開発を行なうテストコースとして利用されている。日本のカーメーカだけでなく世界のカーメーカのほとんどが、ニュルブルクリンクでテストを行なっている。

　サスペンションは同一車種でも日本仕様、欧州仕様、北米仕様など仕向地に合ったチューニングがされることがある。開発車両は秘匿車であり、基本的には各カーメーカのテストコースでチューニングが行なわれるが、最終的なチューニングや評価は仕向地の実際の路面で行なわれることも多い。

図5-11　北米のフリーウエイ

図5-12　ニュルブルクリンクサーキット（ドイツ）

参考文献

1)　自動車技術ハンドブック「設計（シャシ）編」、自動車技術会、2005 年
2)　自動車技術ハンドブック「基礎・理論編」、自動車技術会、2005 年
3)　市川ほか：自動車技術、Vol.3、No.3、1989 年

第6章 モータースポーツのサスペンション

6.1 概要

　モータースポーツは、参加することに意義があるとしても、最終的には勝たなければならない。本章では、勝つためのサスペンションとはいかにあるべきかについて述べる。

　戦闘力のあるマシンに仕上げるため、各チームはレギュレーションの範囲で他社より優れたサスペンションを開発し、実戦ではドライバのテクニックやマシン、コースなどの状況を判断し、ベストの状態で走れるようサスペンションのセッティングを行なう。

　乗心地と操縦性・安定性（操安性）は相反するといわれているが、モータースポーツでは操安性に重点を置いて、乗心地は二の次としたサスペンションになる。このため、サスペンションのばね系は硬めになるのが一般的である。

　また、空力を確保するには地面と車体との変化を少なく抑える必要があり、ますますばねは硬くなる。ただし、ドライバが正確な車両コントロールをする上で問題となるような振動、挙動を抑えることも重要であり、サスペンションに求められる項目は、接地性はもちろんのこと多岐にわたる。

　ここでは、数あるモータースポーツの中でも、主として耐久性を競うラリーカーと、最高のスピードを誇るフォーミュラカーのサスペンションについて述べる。

6.2 ラリーカーのサスペンション

6.2.1 ラリーカーの概要
～グループBからグループA、さらにWRカーへ～

　1987年、WRCのグループBは廃止となり、主役はグループAに代わった。各社が最高の技術で造り上げたグループBマシンは500馬力のパワーを持ち、年々考え

られないほどのスピードが出せるようになった。このスピードが、ドライバのテクニックをはるかに超えて危険な状態になっていたことは、数々のアクシデントで認めざるを得なくなってしまった。

　この結果、年間5000台以上生産される4座席以上の車両をベースに限られた改造を施した車両（グループA）がイベントの主役になった。1997年からは安全技術の進歩とともにグループA規定から、さらに改造が認められたワールドラリーカー（WRカー）規定が生まれ、WRCの中心的存在となった。WRカーは12ヵ月間に同一シリーズで2万5000台以上生産される車両をベースとし、主にワイドボディ化、4WD（四輪駆動車）化、リヤサスペンション形状の変更などの改造が認められ、より最適なマシン開発が可能となった。

　図6-1は、WRカーの一例である。WRC（World Rally Championship）を走行するスバルインプレッサ。サスペンションの剛性はアップされ、ショックアブソーバは別タンク式が取り付けられている。

図6-1　WRカー（スバルインプレッサ）

6.2.2　サスペンション

　グループBでは、まず最適なサスペンションを設計し、その上でボデーを設計することも可能であった。一方、グループAは市販車をベースに改造するため、サスペンションはボデー側の制約を受けて改造しなければならない。WRカーはグループAに対して改造範囲が広いものの、基本的なサスペンション形式を変更してはならず、やはり理想的なサスペンション設計とはなりえない。

　WRCのトップドライバの走りは非常にハードであり、通常20G前後の加速度がサスペンションに連続的に入る。一般のドライビングで3〜5G、たまに大きなショックでも10G程度といわれているので、市販車のサスペンションのままではとても走れない。

　ラリーカーは、排気量の小さいもの、大きいもの、駆動方式、サスペンション形式の異なるものなど様々である。ここではグループA車両の主なサスペンション形式（市販車ベース）を例にポイントを述べる。

（1）フロントサスペンション

　図6-2はフロントサスペンション（ストラット式）で、そのポイントは次のとおり

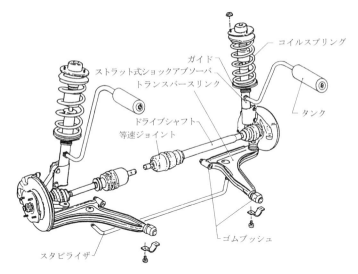

図6-2　グループAのフロントサスペンション例（ストラット形式）

である。

①サスペンションストロークを極力長く取るようにする

　コイルスプリングをラリー仕様に変更し、ガイドの上下で車高を調整する。最低地上高は走行路面状況と車両速度などから設定する。

　エンジン横置きタイプの車両は、ドライブシャフトが短く、等速ジョイントの角度制約からストロークをあまり長く取ることができない。

②サスペンションストロークに対するトー角の変化を極力少なくする

　図6-3はサスペンションストロークとトー角の関係を表す。サスペンションのストロークに対し、トー角変化をまったくゼロにするのは構造上難しいが、極力トー角変化を少なくする。また、その変

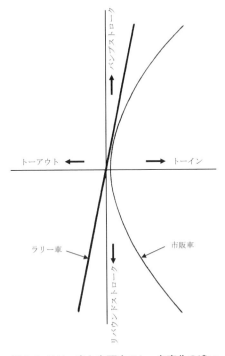

図6-3　ラリー車と市販車のトー角変化の違い

化も直線的になるように配慮する。ストロークをフルに使用するため、曲線形状の特性であると車両の操安性を悪化させる。

③オーバステア、アンダステアの変化を極力小さくする

タイヤからの入力に対して車体、アーム類のゆがみ、ゴムブッシュ類のたわみなどによりステア特性が変化する。これを抑えるためにアーム類、リンク類に使用しているゴムブッシュをボールジョイントに変える場合もある。また、ゴムブッシュの場合でも、市販車に対して2〜5倍の高いばね定数にしてある。軟らかいと変化量が大きく、破損にもつながりやすくなる。

④車体のロール剛性を極力上げる

スタビライザの径をアップする。また、結合部はラバーブッシュのばね定数を上げるか、ボールジョイントにしてある。

ラリーカーは、スプリングやショックアブソーバを硬めにセッティングしているため、それだけでロール剛性が得られることもあり、逆にスタビライザの径を小さくする場合もある。

⑤強度、耐久性があり、極力性能が劣化し難いショックアブソーバにする

市販車用では操安性、耐久性の面で走り続けることが難しく、別タンク式のストラット式ショックアブソーバが付いている。

(2) リヤサスペンション

図6-4は4リンク式のリヤリアサスペンションで、リジッドアクスルサスペンションである。これは、サスペンションのストロークは比較的長く取れるが、アクスルとショックアブソーバが干渉するため、十分なストロークまでは取れていない。4リンク式は独立懸架に比べて接地性が劣るが、駆動輪でないため比較的操安性への影響は少ない。

フロントサスペンションと同じように、ゴムブッシュ、ボールジョイント、スタビライザ、ショックアブソーバなどの改造を行なうが、リヤサスペンションは特にヒッティングや飛び石の影響を受けやすいため、リンクやアームに補強が行なわれる。ただし、補強による重量増は操安性、耐久性にも悪影響が出るので最小限に抑える。どうしても必要であれば軽い材料を使用する。4リンク式は横剛性が低いため、5リンク、6リンクと剛性アップすることも行なっている。

ラリーカーは、サスペンションのほかにも駆動系、ボデーの補強などの改造を行なうが、これらは改造申請をFIA（国際自動車連盟）に提出し承認を受けなければならない。ラリーの前には必ず車検があり、申請内容のチェックが行なわれる。

図6-5は、開発段階からラリーカーの資質を取り入れたリヤサスペンション（三

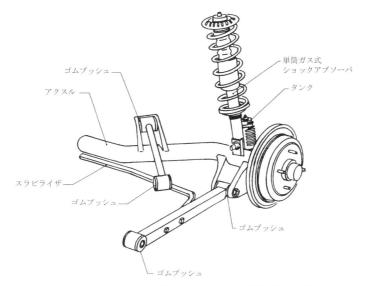

ゴムブッシュ

アクスル

単筒ガス式
ショックアブソーバ

タンク

スラビライザ

ゴムブッシュ

ゴムブッシュ

ゴムブッシュ

図6-4　グループAのリヤサスペンション例（4リンク式）

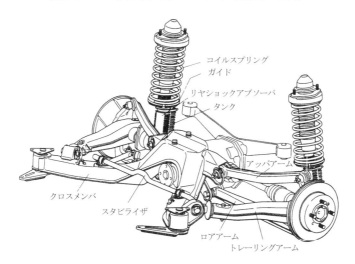

コイルスプリング
ガイド

リヤショックアブソーバ

タンク

アッパアーム

クロスメンバ

スタビライザ

ロアアーム

トレーリングアーム

図6-5　ラリーカーを考慮したリヤサスペンション例（マルチリンク）

菱ギャランVR4）を示す。WRCの主流がグループA（4WD）になった際、市販車に
マルチリンク式を採用し、各種アームの最適設計によりストロークを確保し、操安
性、耐久性ともにラリーカーとしての資質を取り入れたものである。
　どの市販車でもラリーカーとして実戦で戦えるというものではない。生産車の中

からラリーカーとしての資質を見分け、改造しテストを繰り返しながら育てていく。しかし、モータースポーツが脚光を浴びてきた今日では、生産車の開発段階からラリーカーとしての要素を取り入れたサスペンションの設計を行なっている場合もある。

6.2.3　ショックアブソーバ

　サスペンションを構成する部品の中で、取り付け部のゴムブッシュのボールジョイント化、アーム類の剛性アップなどは、乗心地をある程度犠牲にしてでもやらなければラリーには耐え得ない。

　ラリーカーのサスペンションの良し悪しは、その車が持つ固有のサスペンションの形式やつくり、改造によるところが多い。この限られた構成部品の中で、路面の状況やドライバのテクニック、車の出来などに応じて最大限に車の戦闘力を引き出せるのがショックアブソーバといえる。

　ショックアブソーバは、ばね上の振動を抑え、操縦性の向上を図るほかに、ストラット式ショックアブソーバではサスペンションのメンバとしてラリーに耐え得る強度部材の役目も果たさねばならない。また、ストラット型などの懸架スプリングをショックアブソーバと同軸で持つものには、スプリングを支えるガイドがあり、車高を調整する機能も併せて持っている。

　図6-6は、市販車のショックアブソーバの一例で、フロントはストラット型、リアは標準型ショックアブソーバである。また、図6-7は、ラリーカーのフロントショックアブソーバの一例で、別タンク式ストラットである。従来型のショックアブソーバではエアがオイルに混入し（エアレーションという）、走行中に減衰力が低下する。そのため、オイルとエアを別タンクの中で完全に分離し、エアレーションの発生防止を図っている。

　市販車に比べて剛性アップが必

フロント：マクファーソン型ストラット

リア：標準型ショックアブソーバ

図6-6　市販車のショックアブソーバ

別タンク式ストラット

図6-7　ラリーカーのフロント
**　　　ショックアブソーバ①**

要なため、ピストンロッドやアウターシェルはサイズアップされている。別タンク式は、走行中の温度上昇を空冷で抑える効果もある。その特徴としては、

別タンク式倒立ストラット

**図6-8 ラリーカーのフロント
ショックアブソーバ②**

　①減衰力の持続性向上

　②減衰力の温度特性向上

　③耐久性の向上

が挙げられる。

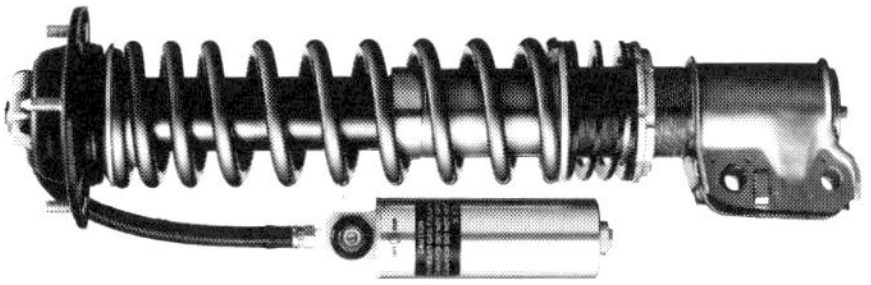

　図6-8は、別タンク式倒立ストラットである。先の別タンク式に対し、さらに剛性アップされており、かつストロークアップされている。**表6-1**に、ランサーエボリューションのフロントストラットショックアブソーバ諸元比較例を表す。

表6-1　フロントストラットショックアブソーバの諸元比較例（ランサーエボリューション）

	市販車	競技車	
車両	ギャランフォルティス （純正）	ランサーEVO10 （仕様A）	ランサーEVO10 （仕様B）
ショックアブソーバ構造／形式	複筒式 正立ストラット	複筒式 正立ストラット	単筒式 倒立ストラット
窒素ガス封入圧／形式	0.3MPa 混合封入式	0.5MPa 分離加圧別タンク式	1.0MPa 分離加圧別タンク式
減衰力調整構造	なし	伸・低速・高速 独立調整	伸・低速・高速 独立調整
車高調整機能	なし	あり	あり
アウターシェル外径	φ51mm	φ56mm	φ65mm
シリンダ内径	φ32mm	φ40mm	φ46mm
ピストンロッド外径	φ22mm	φ25mm	φ16mm
ストローク	165mm	180mm	210mm
伸び側減衰力(0.3m/s)	1,400N	2,000N	2,000N
縮み側減衰力(0.3m/s)	350N	1,500N	1,500N

6.2.4　サスペンションセッティング

　サスペンションは、ラリーコースやドライビングテクニックの差によってセッティングをしておかねばならない。改造されたサスペンションや使用するタイヤ、ドライバが決まっている場合、セッティングのできるサスペンション部品はスプリングとスタビライザ、ショックアブソーバの3部品となる。

　・スプリング：ばね上の重量を支え、ボディーが受ける衝撃を和らげる。

・スタビライザ：車体のロールを抑える。

・ショックアブソーバ：ばね上、ばね下の振動を抑える。

この内、スプリングとスタビライザは単一部品のため、強くするか弱くするかは乗心地とコーナリングの特性で比較的分かりやすい。

これに対してショックアブソーバは、伸び側、縮み側のそれぞれの減衰力について、発生するピストン速度やドライバの好みにより、設定値を選択する必要がある。

したがって、最後にセッティングを行なうのがショックアブソーバということになる。通常、ラリー用のショックアブソーバは分解ができ、内部のバルブ類を交換し減衰力を変えられるようにしてあり、かつ、伸び側・縮み側の減衰力を単独に変更可能な調整機能を設けている。**図6-9**にラリーカー用ショックアブソーバの減衰力特性例を示す。

このように、実戦前のテストなどで決定したベストセッティングでラリーは始まるが、タイムを競うS.S.（スペシャルステージ）では、ショックアブソーバが受ける負担は大きく、ときには油漏れ、減衰力のへたり（初期の減衰力設定値に対して値が低下する現象）などの不具合が発生する場合がある。競技中の決められた車両修理点検時間（サービス）内でショックアブソーバを点検し、場合によっては交換する。限られた時間の中で容易に交換、修理できることも重要な要素となっている。

WRCは年間十数回にわたり、様々な国・地域でイベントがあり、ラリー路面によってターマックとグラベルに分かれる。ターマックはサーキットにより近いスピードラリー、グラベルは耐久性のラリーとなり、それによってショックアブソーバも長さや減衰力の特性が変わってくる。

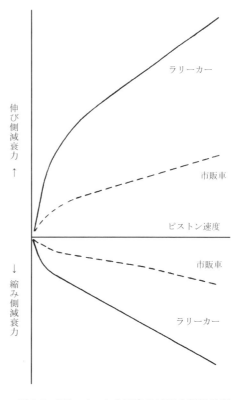

図6-9　ラリーカーと市販車の減衰力特性比較

年毎にエンジンやボデー、サスペンション、タイヤが改良され、スピードがアップされている。スピードのアップは減衰力のセッティングだけでなく、ショックアブソーバが受ける負担も大きくなるので、ラリー前に行なわれる先行テストでその辺を十分把握して、本番に備えなければならない。

6.3　フォーミュラカーのサスペンション

6.3.1　フォーミュラカーの概要

　自動車が誕生して以来、誰よりも速く、誰よりも先に進みたいとする人間の競争心は、モータースポーツによって次々と新しい技術を生み出してきた。数あるレーシングカーの中でもフォーミュラカーは地上最高のスピードを誇り、無駄がなく、走りの究極を得たつくりは「モータースポーツの華」「F1サーカス」と呼ばれるにふさわしい存在といえる。

　F1では700馬力ものパワーで300km/hを超えるスピードを出す。速く走るための要素としては、

　　①高出力、高トルクのエンジン、それを伝えるトランスミッション
　　②空力の良い軽いボデー
　　③剛性の高いシャシ
　　④しっかりと路面をとらえることのできるサスペンション
　　⑤グリップの良いタイヤ
　　⑥ドライバの高度なテクニック
などが挙げられる。

　タイヤとボデーを結び付けているサスペンションは無駄がなく、しっかりと路面をとらえなければならないが、ラリーカーに求められるような耐久性、悪路での走破性、経済性を考えた設計をする必要はない。図6-10は、フォーミュラカーの一例である。

図6-10　　フォーミュラカー[1]

6.3.2 フォーミュラカーのサスペンションの種類

フォーミュラカーのサスペンションに求められる性能は、タイヤの路面への接地性と追従性、操縦性、各種調整機能を持つこと、空気抵抗の軽減などが挙げられる。

これらの条件を満足させるため、フォーミュラカーのサスペンションはほとんどダブルウィッシュボーンを採用している。これはキャンバ変化、ロールセンタ高さなどが容易にアームの長さで選択できるなど、設計の自由度が高く、ばね下重量が軽くなるからである。

(1) インボードサスペンション、アウトボードサスペンション

ダブルウィッシュボーンはA型といわれるアッパアーム、ロアアームのサスペンションアームを上下に持つ。アーム類の構成やスプリングとショックアブソーバの配置などにより、インボードサスペンションとアウトボードサスペンションに分類される。スプリングとショックアブソーバは、ユニットになるのが普通である。

インボードサスペンションは、ショックアブソーバユニットがアームに直接取り付けられず、ボデーの内側に納められている。

ばね下重量が軽く、空気抵抗を減らし、また空気の流れを逆に利用できるなどの利点があるが、サスペンションのレイアウトが複雑になり、ショックアブソーバユニットの調整、交換がやり難くなる。ショックアブソーバには空冷効果が期待できず、性能、耐久性に対して不利となる。

図6-11は、アウトボードサスペンションの一例である。ショックアブソーバユニットがアッパアームとロアアームに直接取り付けられている。レイアウトや強度の関係でショックアブソーバユニットには有利だが、空気抵抗の面では外に取り付けられている分どうしても不利になる。現在のF1には使用されている例はなく、グループCカー類の耐久レース用にまれに使われている。

インボードタイプとアウトボードタイプはどちらも利点と欠点は

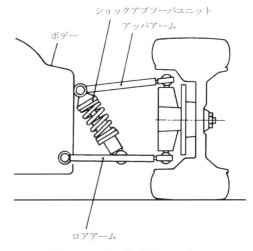

図6-11　アウトボードサスペンション

あるが、欠点を技術的に克服できるインボードタイプがフォーミュラカーの主流になったことは当然といえる。

(2) インボードサスペンションの種類

インボードサスペンションにはいくつかの種類があるが、代表的なものにロッキングアームタイプやプッシュロッドタイプがある。

①ロッキングアームタイプ

図6-12は、ロッキングアームタイプである。ボデー内にショックアブソーバユニットを配置し、アッパアームをロッキングアームとして使用する。通常はバンプ時にばね定数が上がるプログレッシブレートになるようにロッキングアームを設計することが多い。

この目的は燃料重量の増減による操縦性の変化を減らすことや、路面の悪いサーキットでのフルバンプを防ぐことにある。

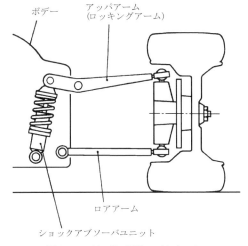

図6-12　インボードサスペンション
（ロッキングアームタイプ）

②プッシュロッドタイプ

図6-13は、プッシュロッドタイプであり、ロッキングアームの変形型といえる。ロッキングアームではアッパアームに大きな荷重が加わるのでこれを別にし、ロアアームから伸ばしたプッシュロッドで直接押す。スペース的にはコンパクトにまとまるが、プッシュロッドには圧縮や曲げの力がかかるため、座屈強度や剛性が必要となり、次のプルロッドタイプより太くなる。最近では空力を高め、空気抵抗を小さくするためにさらに断面積を少なくする設計が行な

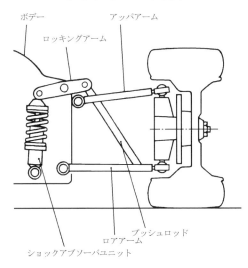

図6-13　インボードサスペンション
（プッシュロッドタイプ）

われ、ショックアブソーバユニットは縦置きから横置きに代わっている。

③プルロッドタイプ

図6-14は、プルロッドタイプである。プッシュロッドタイプを上下逆にした設計で、作動原理は基本的に同じである。バンプ時プルロッドに引っ張り力がかかる。プッシュロッドとプルロッドのどちらかを選ぶかは、ボデーの空力、レイアウトなどにより決められる。

フォーミュラカーにおいて、空力はきわめて重要であり、図6-15のようにサスペンションアームの断面は翼の形状に仕上げられている。また、サスペンションアームの左右を個々に車体に取り付けないで、一体化する方法もある。

サスペンションはある意味では妥協の産物といえる。不都合を少しでも減らすようにまとめるには、失敗と成功を重ね経験を積んでいくことが大切である。

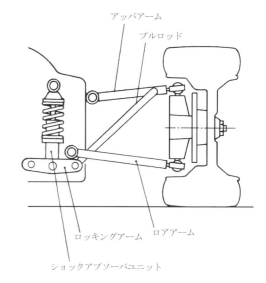

図6-14 インボードサスペンション
（プルロッドタイプ）

図6-15 翼型断面サスペンションアーム[1]

6.3.3 フォーミュラカーのショックアブソーバ

サスペンションを構成するアームやロッド類は、車両設計者の長年の経験と独自の思想を持って作られている。しかし、オイル、ピストンを含む数多くの部品からなる複雑なショックアブソーバまで設計されることはなく、市販されたものを使用するか専門会社に設計・製作を依頼することが多い。

フォーミュラカーのショックアブソーバに求められる性能は、市販車やラリーと

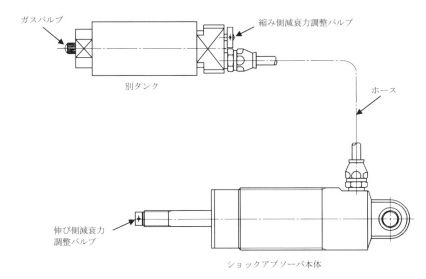

ガスバルブ

縮み側減衰力調整バルブ

別タンク

ホース

伸び側減衰力
調整バルブ

ショックアブソーバ本体

図6-16　フォーミュラカーのショックアブソーバ例（別タンク調整式）

異なり、高度な特性、機能が要求される。インボードタイプが主流になっている現在、限られたスペースの中でショックアブソーバに求められる特性、機能として、

　①小型・軽量である

　②減衰力の値が調整できる

　③減衰力が安定している

などが挙げられる。

　アウトボードタイプに比べてインボードタイプは、アーム比（タイヤの上下の動き量に対するショックアブソーバの動き量）が小さいので高い減衰力を要し、空冷効果が得られないため発熱も高く、耐久性を考慮した設計も必要となる。

　図6-16は、フォーミュラカー用のショックアブソーバの一例で、別タンク調整式ショックアブソーバである。本体と別タンクで構成され、本体側で伸び側減衰力を、別タンク側で縮み側減衰力を別々に調整できる。コンパクトなものでは、別タンクなしでアウターシェルに伸び側・縮み側減衰力（微低速・中速域）を別々に調整できる機構を設けたものもある。

　これらの機能は、低いピストン速度の減衰力をコントロールし、サーキットのレイアウト、路面の摩擦係数、アップダウンのうねりなどに適した減衰力を選択できる。**図6-17**に減衰力特性例を示す。ピストン速度の低い微低速域で減衰力を発生させ、無段階に減衰力を変えることができる。

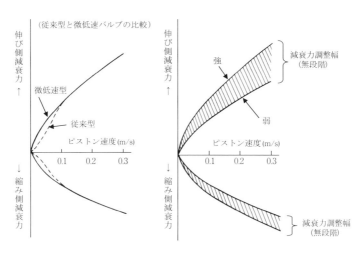

図6-17　フォーミュラカーの減衰力特性例

6.4　今後のサスペンション

　現在のモータースポーツでは、高騰する開発費を抑制する目的から、ラリー、フォーミュラを問わず、電子制御系製品が禁止の風潮である（過去にはアクティブサスペンションなど制御製品も投入されている）。

　しかし、「勝たなければならない」使命を持つモータースポーツにおいては、決められた規則の中で、さらなる個々の要素開発・新たな機能・構造を創造し、次々と新しいサスペンション技術が生まれ、操縦性、安定性、タイヤ接地性、路面追従性など、さらに高いレベルへとサスペンションの進化が求められている。

　現在では、センサ技術、解析技術も進化し、車両の運動性能、各部の荷重変化などを容易に検出できるようになり、ドライバの官能評価と車両からの検出情報がつながる時代となった。

　いつの世も、その「勝たなければならない」使命に向かって、他の車より優れた技術、新素材、新発見がなされたサスペンションが今後とも次々開発されていくだろう。

　そして、今までどおりモータースポーツから生まれた技術が市販車にフィードバックされ、性能向上に大きく貢献していくだろう。

参考文献
1)　Motor Fan illustrated vol.79、三栄書房、2013年

第7章　サスペンションの評価

7.1　サスペンションの実車走行評価

7.1.1　振動、乗心地の評価

(1) フィーリングテストによる評価

　自動車の振動、乗心地の評価を決定付けるのは、もちろん乗員であるところの人であり、人の感じ方を基準に評価されることになる。したがって、最も効果的な評価はフィーリングによるテストと考えられる。しかしながら、人の感じ方は人それぞれであり、すべての人を満足させるのは難しい。

　一般的には、数人のパネラにより評価し平均化するような方法が取られるが、サスペンション特性のセッティングでは、評価だけでなく仕様の方向付けにも必要である。このような場合は、経験のある評価者により仕様を煮詰めた後に、前記の方法によって確認評価するのが良いと考えられる。

　人の感じ方を物理量に置き換え、定量的に評価できれば、絶対的な評価を可能にするが、そのような技術は確立されていない。経験のある評価者によるフィーリングテストが、現時点では最も効果的な評価方法と考えられる。

　乗心地を感覚的にとらえるのは、車体の変位、速度、加速度、加速度の変化（加加速度）および角速度であり、周波数帯によりとらえ方が異なる。フィーリングを伝える感覚表現もフワフワとかブルブル、ビリビリ、ヒョコヒョコ、ゴツゴツと周波数に対応したものが多い。また、車両の走行時の音が小さくなるにつれて音評価の重要度は高まりつつある。評価は基本的には比較評価による方法で、基準車両との比較、仕様の違いによる比較などにより行なわれる。ただし、より良い乗心地を求める上では、評価者の乗心地に対するイメージなりコンセプトが重要となってくる。

(2) 計測による評価

　振動、乗心地を定量的に評価する場合、基本的には上下振動をもって評価する。振動は路面の凹凸によりばね下である車輪が振動し、サスペンションを通してばね

上の車体に伝達され、乗員である人に伝わる。

　サスペンションについては、ばね下からばね上への振動伝達特性と、ばね下・ば
ね上の共振レベルをもって評価することになるが、入力である路面の凹凸や人体の
振動特性も重要な評価の条件となる。

　路面の凹凸については**図3-2**に示したパワースペクトルによる表示が主で、
ISO 8608により凹凸の分類が示されている。

　人体の振動特性について**図7-1**に示す。これは図の右肩に示したような姿勢で上
下振動を受ける人体の各部の加速度を計測し、振動台の加速度に対する比を調べた
結果である。

　振動伝達率が少ない方が入力に対するばね上の振動は当然小さくなるが、乗心地
の面からは振動計測値をフィルタにより周波数成分毎に重み付けをし、人の感覚に
合った量で表示した方が妥当である。

　サスペンションに関しては、上下・前後方向加速度のみでなく、速度、変位など
の計測も行なわれる。振動計測の一例として、簡易アスファルト舗装路のばね下
加速度およびばね上加速度のパワースペクトル密度を**図7-2、7-3**に示す。密度の大

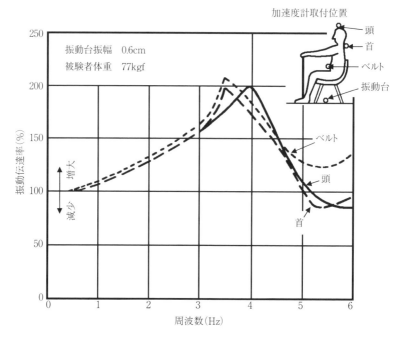

図7-1　シートに腰かけて上下振動を受ける人体の振動特性（A.O.Radke による）[1]

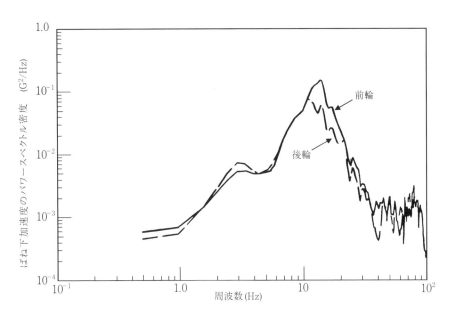

図7-2 簡易アスファルト舗装路による
FR車の前輪・後輪ばね下加速度パワースペクトル密度

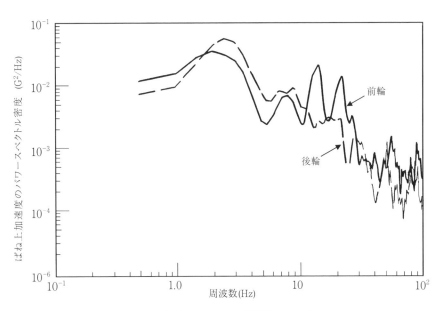

図7-3 簡易アスファルト舗装路における
FR車の前輪・後輪ばね上加速度のパワースペクトル密度

きさやピーク、凹凸から、乗心地との対応を付けて仕様の違いを比較したり、評価の定量化をしていく。乗心地の定量的評価の研究はいろいろと行なわれており、BS6841(1987)(British Standards Institution)には、乗心地を評価する物理評価指標と評価尺度が規定されている。車両の振動乗心地定量化の手法には、乗員の乗心地感覚から得られた官能評価に基づく客観的な評価値を求める方法として、

　①多変量解析手法のうちの主成分分析法、および重回帰分析法を用いて計測物理量による評価因子を抽出し、その評価因子による乗員の主観的な官能評価を客観的に評価できる乗心地評価式を求める方法

　②サスペンション～シート～人体振動系を含めた車両全体としての乗心地を、時系列変化と人間の感覚との関係に着目して解析する方法

などが提案されている。

7.1.2　操縦性・安定性の評価

(1) フィーリングテストによる評価

　フィーリングテストが効果的な評価方法であり、必要性が高い点については前述したが、振動、乗心地が受動的な感覚であるのに対し、操縦性・安定性(操安性)は車両を操るといった点で能動的であり、それゆえより多くの感覚的要素を含んでいる。

　振動、乗心地は路面の凹凸の入力に対する車両の振動であり、入力は人により変化しないが、操縦性については、人の操作に対する車両の挙動であるため、入力の仕方で人による差が生ずる。また、安定性についても、外乱には受動的であるが、外乱に対する対応は人により異なる。

　このように人の感覚の占める要素が多く、評価自体もやはり感覚による部分が多く、評価者による入力の与え方、つまり操縦の仕方や安定度が重要な要素となる。

　操縦性とは、操作に対する車両の挙動と、操作する人の持つ期待値とのずれ、並びにこのずれを修正・収束させることの容易さをもって見ることができる。さらに、これが車両性能の限界に近づくにつれてどう変化するか、あるいは、種々の状況によりどう変化するかも重要な評価要素と考えられる。この状況とは、車速とか走行環境などを意味する。安定性についても、外乱に対する車両の挙動と操作する人の対応という点から操縦性に通ずる。

　操安性は多くの条件や要素の中で評価することになり、フィーリングテストを主体に多くの情報を分析・処理しなくては良い評価はできない。

(2) 計測による評価

　操安性を物理量に置き換えて評価するには、前述のごとく複雑で多くの要因について計測する必要があるが、全てを計測するのは困難であるため、条件を限定して部分的に試験が行なわれている。

　基本的な計測項目は、車速、操舵角、前後方向加速度、左右方向加速度、ヨー角速度、ロール角速度、ピッチ角速度、ヨー角、ロール角、ピッチ角があり、横すべり角や走行軌跡も可能な場合は計測される。また、サスペンションに関する電子制御システムを持った車両については、この制御状態についても必要により計測される。

　車両の旋回動作は過渡的な運動と定常的な運動から成り立っており、個々の特性および変化状態を計測する。

　代表的な試験項目には以下のものがある。

①定常円旋回試験

②アンダ・オーバステア試験

③手放し安定試験

④車線乗り移り試験（**図7-4**）

⑤スラローム試験

⑥パルス応答試験（**図7-5**に例を示す）

⑦ステップ応答試験

⑧横風安定性試験

その他の試験として、操舵に関する試験や危険回避性能に関する試験も行なわれる。

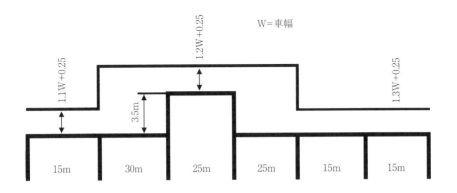

図7-4 ISO車線乗り移りコース [2)]

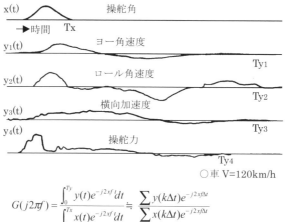

$$x(t) \quad \text{操舵角}$$

時間 Tx

$y_1(t)$ ヨー角速度

Ty1

$y_2(t)$ ロール角速度

Ty2

$y_3(t)$ 横向加速度

Ty3

$y_4(t)$ 操舵力

Ty4

○車 V=120km/h

$$G(j2\pi f) = \frac{\int_0^{Ty} y(t)e^{-j2\pi f t}dt}{\int_0^{Tx} x(t)e^{-j2\pi f t}dt} \fallingdotseq \frac{\sum y(k\Delta t)e^{-j2\pi f k\Delta t}}{\sum x(k\Delta t)e^{-j2\pi f k\Delta t}}$$

$$= \frac{P + jQ}{R + jS}$$

から、操舵周波数 f の 0〜3c.p.s. の範囲で

振幅比：$\left| G(j2\pi f) = \sqrt{\dfrac{P^2 + Q^2}{R^2 + S^2}} \right|$

位相角：$\angle G(j2\pi f) = \tan^{-1}\left(\dfrac{Q}{P}\right) - \tan^{-1}\left(\dfrac{S}{R}\right)$

注：振幅比を dB 単位にとることもある。

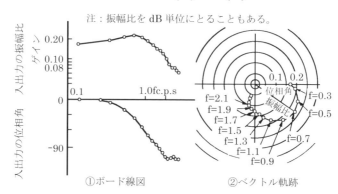

①ボード線図   ②ベクトル軌跡

①：過渡応答波形の例

②：周波数特性の一般的な表示方法

図7-5 パルス応答試験データおよび表示(ハンドル角入力〜ヨー速度出力)[1]

7.1.3 強度・耐久性の評価

　サスペンションの性能や機能があらゆる走行条件の中で必要な期間保たれ、正常に作動するかどうか確認することを目的に、強度、耐久性の評価が実施される。強度試験では、一般的にはまれにしか起きないような大きな入力条件を与えて確認評価が行なわれる。また、耐久性試験では、通常の走行条件での評価では長い期間にわたるために、これを短期間で再現できるような入力条件を与えて加速的に評価が行なわれる。サスペンションについては、悪路走行を主とした走行耐久試験や各部の応力計測による寿命予測などが行なわれる。これらは短縮された試験であり、通常の走行条件での耐久性との対応付けが重要である。また、サンプルの量も多く取

れないため、試験結果に対する分析の精度を向上させるよう、過去のデータの蓄積も必要である。

　一般的に使用されるテストコースの路面としては、未舗装の砂利悪路、ベルジアン路、玉石路などがあげられ、縁石乗り上げやジャンプなども行なわれる。図7-6にベルジアン路を示す。

図7-6　ベルジアン路

7.1.4 評価の環境

　サスペンションの実車走行評価をするに当たり、効果的にかつ信頼性の高い評価を得るためには、その条件設定が重要となる。

　車両の走行環境は多種多様であり、刻一刻と変化する。場所、時間、季節、天候などによって走行環境は複雑に変化し、周りの交通との関連も含めて運転者への情報量も極めて多い。このような状況の中から車両の乗心地や操安性を評価するのに必要な条件を拾い出すのは困難である。

　一般的に走行評価が行なわれるプルービンググランドは、高速周回路を主にして、各種の特殊試験路からなり立っている。プルービンググランド内の各テストコースは条件を限定して作られており、評価の信頼性は高く再現性も確保できる。また、強度、耐久試験を促進的に行なうこともできるように作られている。

　プルービンググランドのほかに、一般路においても評価は行なわれる。実際の一

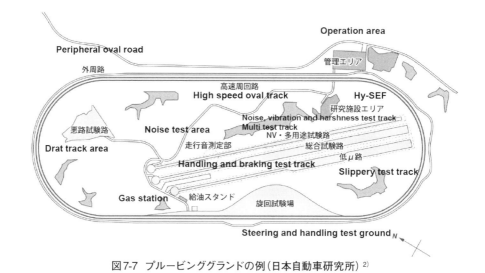

図7-7　プルービンググランドの例(日本自動車研究所) [2]

般路走行とテストコースとの評価の対応付けや、テストコースのみでは得られないデータの収集が行なわれる。

　サスペンションは、これら多くの環境での評価を経て完成されている。**図7-7**に日本自動車研究所(JARI)のプルービンググランドのレイアウトを示す。

7.1.5　実車計測方法

(1) 計測方法

　サスペンションの性能を実車走行によって計測するときの計測内容とシステムはおおよそ次のとおりである。まず計測内容について大別すると、

　①変位および角度

　②速度および角速度

　③加速度

　④力(応力、ひずみ)

などがあり、①〜③については、例えば変位を微分処理して速度を得るとか、加速度を積分処理して速度を得るといった方法も場合によっては採ることがあるが、可能な限り直接計測する。また、必要により温度や圧力なども計測する。

　計測システムとしては、基本的には検出器と記録計で構成され、直接データを書き出す場合と、いったんデータレコーダなどに記録して、再生処理する場合がある。

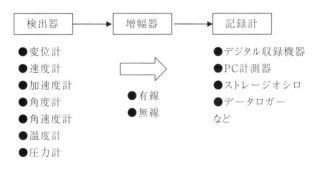

図7-8 実車計測システムの概略

また、検出器と記録計の間を有線にする場合と、無線方式にする場合がある。計測システムの概略を**図7-8**に示す。

(2) 計測データ処理、分析

　計測したデータは基本的に電圧値で示され、そのままでは物理量は分からない。したがって、校正値により電圧値を物理量に変換する。

　データの処理、分析は、次のような内容が一般的である。

①物理量を示す時間波形

②クラス分けをした頻度分布

③2つの値の関係を見るX-Y相関図

④周波数との関係を見る周波数分析（パワースペクトルおよび密度など）

⑤周波数による二つの値の関係を見る周波数特性（伝達関数など）

　その他、必要により波形の微分・積分や、四則演算を行ない、直接計測できないデータの算出も行なわれる。

　サスペンションの性能計測は振動を取り扱うことが多く、振動解析が主となる。データの処理、分析方法についてはここでは省略する。

7.2　サスペンションの台上評価

7.2.1　実車走行評価と台上評価

　自動車の評価はサスペンションに限らず、評価の目的、内容などによって実車走行評価か台上評価かが選択されて行なわれる。台上評価は実車走行評価に比べ、

①評価の精度、再現性

②効率

③安全性

④コスト

などの面で利点が多い。

7.2.2　台上評価設備

　台上評価は様々な試験装置を使用して行なわれる。試験装置を試験規模別に分類すると次のようになる。

(1) 実車台上評価設備

　自動車をそのまま試験装置に設置し、性能、強度、耐久性などを評価するものである。試験装置は4輪を別々に加振できるようになっており、実車走行状態をシミュレートした試験が可能である。ロードシミュレータ、4輪ドラムテスタなどと呼ばれるものである。図7-9にロードシミュレータの例を示す。

(2) アッセンブリ評価設備

　自動車のサスペンションアッセンブリを2輪あるいは1輪のみ試験装置に取り付け、サスペンションの性能、強度、耐久性などを評価するものである。試験装置は、2輪ないし1輪の加振機にサスペンションを架装できるようにしてある。前述の実車台上評価に近い評価が得られる上、実車台上評価よりは比較的手軽に行なうことができる。アッセンブリ評価設備には、ドラム耐久試験機、1輪シミュレータなど

図7-9　ロードシミュレータ [3]

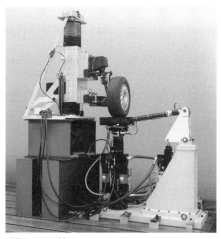

図7-10 ２軸サスペンションテストシステム [4]

ばね上質量

ショックアブソーバ

ばね下質量

タイヤ

図7-11 １輪シミュレータテストシステム

がある。**図7-10**に２軸サスペンションテストシステム、**図7-11**に１輪シミュレータの例を示す。

(3) 要素単体評価設備

　サスペンションを構成する要素の個々の性能、強度、耐久性などを評価するものである。試験装置は、要素・目的別に多種多様である。一般に単体評価は上記評価設備と比べ、比較的簡単な設備で行なうことができ、しかも重要なものである。単体を評価することでサスペンション全体としての性能、強度、耐久性などをかなり推定することができる。

7.2.3　振動、乗心地の評価

　台上における振動、乗心地の評価は、試験装置上で車両やサスペンションなどを加振し、振動計測・解析を行なうものである。ここでは代表的な試験装置を中心に、振動、乗心地の台上評価について述べる。

(1) ロードシミュレータ

　実車台上評価に相当するものである。ロードシミュレータとは、自動車への路面入力振動を加振機で再現させる装置のことであり、これに車両を設置して振動、乗

心地の評価を行なう。試験装置は独立した4台の加振機から構成されている。加振機は電気油圧式と回転ドラム式の二つがある。電気油圧式は、サーボバルブで制御することにより高度な加振能力を持っている。通常加振周波数100Hz、加振ストローク±100mm、加振力（20,000N）、加振速度2m/s程度の能力を持っている。回転ドラム式は、ドラムに様々な形状の突起板を取り付け、ドラムを回転させることによりサスペンションを加振させるようになっている。電気油圧式のものは、正弦波やステップ波などの単一波形加振から、データレコーダなどより実車走行のサスペンション変位を再生入力する実車走行相当の加振までできる。回転ドラム式では電気油圧式のような加振の自由度はないが、比較的簡単な試験機ですみ、継目路や段差路のような簡単な路面の再現は回転ドラム式の方が容易なこともある。

　振動、乗心地の評価では、ばね上加速度・ばね下加速度、変位などが一般的な測定項目である。検出にはひずみ式や圧電式加速度変換器、直線または回転式変位計などが使用され、すべて電気信号として出力される。台上評価の場合、出力信号はそのまま物理量として記録し、波形や絶対値を見たり、直接解析装置に取り込みデータ処理を行ない、伝達関数やパワースペクトルおよびパワースペクトル密度、頻度分布などを算出することが多い。検出器は目的により異なるが、一般的に車両の床やシート、サスペンション取り付け部、サスペンションアームなどに取り付けられる。

(2) ショックアブソーバ性能試験機

　要素単体評価に相当するものである。サスペンションを構成する部品にもいろいろあるが、ここでは振動、乗心地に大きな影響を持つショックアブソーバを取り上げる。

　部品単体の場合、前の(1)項で述べたような車両として、あるいはサスペンションとして評価している振動、乗心地の計測は不可能である。したがって、このような場合は、振動、乗心地の代用特性を計測し評価を行なうことになる。ショックアブソーバの場合は、減衰力およびフリクションが代用特性となる。

　試験装置は電気油圧式の加振機と制御盤、検出器、記録部などから構成されている。測定項目は、減衰力、速度、変位の3点である。フリクションの場合は、これに横荷重負荷装置が加わる。

　減衰力は通常、減衰力速度特性と呼ばれるもので、加振ストローク一定で加振速度を変化させ、各速度での減衰力値、減衰力波形などを見る。加振は正弦波で行ない、加振ストロークは50mm程度、加振速度は微低速〜1.0m/sが一般的である。

　フリクションとは、ショックアブソーバの摺動抵抗のことであり、ショックアブソーバのベアリング部に横荷重を負荷したときの抵抗値の大小で評価する。

図7-13　動ばね試験機

図7-12　ショックアブソーバ性能試験機 5)

　図7-12にショックアブソーバ性能試験機、図7-13にショックアブソーバの取り付け部に用いられるゴムブッシュなどの防振ゴムの動特性を計測する動ばね試験機の例を示す。

7.2.4　操縦性・安定性の評価

　操縦性・安定性（操安性）の評価は、人、自動車、環境などの要因が複雑に絡み合うため、台上の評価は容易ではない。

(1) 基本特性の測定

　これは操安性に影響を及ぼすサスペンションの基本的な特性を測定し評価を行なうもので、一般にホイールアライメントの測定が重要な因子として良く行なわれる。車両の各輪をターニングラジアスゲージに載せ、専用の測定機器を用いてホイールストロークに対するキャンバ角、キャスタ角、トー角などの変化を測定し、ステア特性や直進性、ハンドル操作に対する車両の応答性などの評価の基にする。

　ホイールアライメントのほかにも、ホイールレート、ロールレートなどの測定も専用の測定器で行なわれる。図7-14にホイールアライメント測定装置の例を示す。

図7-14　ホイールアライメント測定装置 [6]

(2) 運動性能試験用ドラムテスタ

操安性を実車台上評価するものである。代表的なものに、平尾式ドラムテスタを基本原理に作られた横運動走行試験台と呼ばれる装置がある。これは、車両の前後方向の動きのみ拘束し、ヨー、横変位、ロールなどの横運動については通常の走行にほぼ等しい動きが得られるようにしてある。

装置の構成は、模擬走路となる2本のドラム、車両を前後方向に拘束し横運動を確保する車体支持装置、横力外乱付加装置、計測・演算装置、運転のための目標値・追従値を表示するトラッキング装置よりなる。

この装置により、周波数応答特性や過渡応答特性などの試験が可能である。計測は車両の運動をとらえるものとして操舵角、前輪および後輪実舵角、操舵力、ヨー角、ヨー角速度、横変位、横向速度、横向加速度、ロール角などである。図7-15に横運動走行試験台を示す。

(3) その他

サスペンション評価とは異なるが、操安性の評価に関わるものとしてタイヤの特性試験機がある。タイヤのばね定数などの静的な特性を測定する静的タイヤ特性試験機や、路面上を走行するタイヤに荷重をかけ、スリップ角やキャンバ角をつけたときに発生する力を測定するタイヤ力学特性試験装置などがある。図7-16に静的タイヤ特性試験機、図7-17にタイヤ力学特性試験装置を示す。

また、単にサスペンションの操安性の評価だけでなく、安全性や人・自動車系も含めた総合的な評価を行なうことのできるドライビングシミュレータがある。詳細な内容はここでは省略するが、将来的にはかなりの活用が期待される。図7-18に代表的なドライビングシミュレータの例を示す。

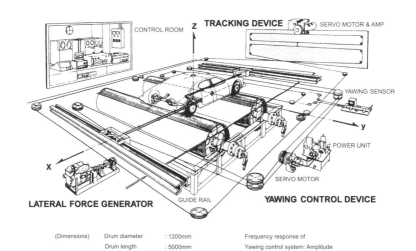

(Dimensions)	Drum diameter	: 1200mm	Frequency response of	
	Drum length	: 5000mm	Yawing control system: Amplitude	
	Wheel base	: 1300-3500mm		2000mm-0.5Hz
	Test Vehicle weight	: Max. 5000kg		Amplitude
(Performance)	Max. speed	: 160km/h		55mm-3.0Hz
	Drum drive power	: 100PS	Yaw angle of vehicle: Max. 12deg.	

図7-15　横運動走行試験台 [7)]

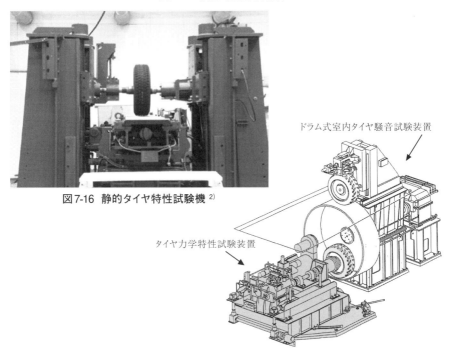

図7-16　静的タイヤ特性試験機 [2)]

ドラム式室内タイヤ騒音試験装置

タイヤ力学特性試験装置

図7-17　タイヤ力学特性測定装置 [2)]

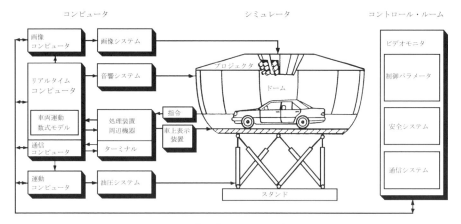

図7-18　ドライビングシミュレータ（ベンツ社） [8]

7.2.5　強度・耐久性の評価

　強度・耐久性の評価は、台上評価の有効性が高く、サスペンション台上評価の主流をなすものである。評価はアッセンブリ評価、部品単体評価が主に行なわれる。

　試験は、サスペンションを構成する部材の限界強度試験、疲労試験、環境に対する耐久試験および性能劣化試験などが主なものであり、いずれも加速試験が行なわれる。各試験における入力条件は、実車走行試験で得られたデータや市場実績などにより、適切な変位、速度、力、加速度、温度などが与えられる。

(1) 多軸型ロードシミュレータ

　実車台上およびアッセンブリ評価に当たるもので、電気油圧式の加振機によりサスペンションに上下、前後、左右の3方向に振動を加え、車軸回りのモーメントまで入力できるようになっている。試験は、実車耐久走行などにより得られた入力をそのまま忠実に再現するもので、ランダム疲労試験機と呼ばれるものである。**図7-19**に多軸型ロードシミュレータの例を示す。

(2) ショックアブソーバ摺動耐久試験機械

　ショックアブソーバのオイルシールのシール性や、摺動部材の摩耗などの評価を行なうものである。電動モータとクランクによる加振機が多いが、電気油圧式の加振機を使用したものもある。一定変位の正弦波で、同時に横荷重や曲げを加え、一定温度で加振を行なう。**図7-20**にショックアブソーバ摺動耐久試験機の例を示す。

(3) ストラットアウタシェル疲労試験機

　ストラット型ショックアブソーバのアウタシェルの疲労強度を把握するものであ

図7-19 多軸型ロードシミュレータ [4]

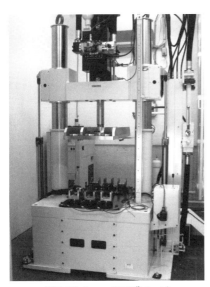

図7-20 ショックアブソーバ
摺動耐久試験機

油圧サーボシリンダ

アウタシェル

図7-21 アウタシェル疲労試験機

る。通常一定振幅の疲労試験が行なわれる。**図7-21**にアウタシェル疲労試験機の
例を示す。

7.3 サスペンションの保守・点検

7.3.1 保守・整備

自動車の保守・整備は、車両の初期性能を維持し信頼性を確保するとともに、自動車を有効かつ経済的な使用状態にするために行なわれる。

保守とは自動車の運転者や使用者が通常行なうものであり、清掃、給油、仕業点検などのことである。

また、整備とは整備工場を中心とする専門工場が行なうものであり、点検、故障診断、調整、分解、交換、組立、検査、修理などである。

7.3.2 主な整備・点検項目

自動車の点検は、法律の規制によるものとメーカの指定によるものとがある。サスペンションの場合、構成する部品のほとんどが保安部品に指定されており、**表7-1**に示すように定期点検基準では24ヵ月ごとの点検と定められている。しかし実際は、近年の性能、信頼性の向上により、メンテナンスフリーの実力を持っている場合が多い。サスペンションの一般的な整備・点検項目としては次のようなものがある。

(1) ホイールアライメント

ホイールアライメントが狂うと操安性に不具合を生じ、ハンドルが取られたり重くなったりする。また、タイヤが鳴く、タイヤが偏摩耗するといった現象も起こる。

ホイールアライメントの狂いは、目視あるいは経験などにより判断できなくもないが、通常はタイヤスリップテスタやアライメントテスタで測定される。

表7-1 サスペンションの定期点検規準[1]

点検箇所 \ 点検時間		6月ごと	12月ごと (6月ごとの点検に次の点検を加えたもの)	24月ごと (12月ごとの点検に次の点検を加えたもの)
緩衝装置	シャシばね	—	—	損傷
	取り付け部および連結部	—	—	1 取り付け部の緩みおよび損傷 2 連結部のがた
	サスペンションアーム	—	—	連結部のがた及びアームの損傷
	ショックアブソーバ	—	—	1 油漏れおよび損傷 2 取り付け部のがた

(2) 懸架ばね

損傷やヘタリなどの発生が考えられるが、通常ではあまり見られない。正確には、車体より取り外し、寸法測定や荷重などの特性変化のチェックを行なうのが望ましいが、目視や車高のチェックによりある程度判断できる。

(3) ショックアブソーバ

油漏れ、減衰力などの性能劣化により、乗心地および操安性の悪化が起こる。油漏れは、目視で判断できるが、性能の劣化は分かりにくい場合が多い。通常は、車体のふわつきがなかなか収まらない、ロールが大きくなる、底付きを起こすなどの現象から判断されるが、ショックアブソーバを取り外し、特性のチェックまで行なうのは、整備工場でも無理である。

(4) その他

ゴムブッシュ・マウントなどの損傷やヘタリ、サスペンションアーム類の損傷や曲がり、取り付け部の緩みやガタなどがある。

7.4 不具合現象

7.4.1 騒音

(1) 概要

自動車の騒音は、**図7-22**に示すように車外騒音と車内騒音の二つに大別される。前者は自動車から外部放出されて環境公害につながるもので、後者は室内に伝わり、乗員の快適性、車の商品性につながるものである。

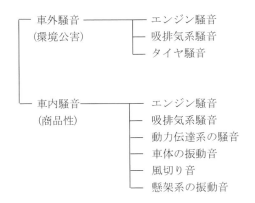

図7-22 自動車の騒音

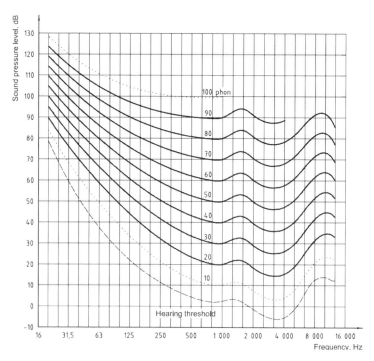

図7-23 等ラウドネスレベル曲線 [9]

(2) 騒音の尺度

　騒音とは、「好ましくない音」、「ない方がよい音」の総称である。例えば非常に大きい音、不自然な音、不快な音、聴取を妨害する音、異常な音などである。すなわち単純に音が大きいという物理量のほかに、人がその音をどう聞き取るかが重要であり、心理的な面を併せて考える必要がある。

　人間の可聴範囲は、周波数で20～20,000Hzといわれている。そして同じ音圧レベルでも周波数が異なると、同じ大きさの感覚にならない。周波数に対する音の大きさの感覚を測定したものが**図7-23**であり、等ラウドネスレベル曲線と呼ばれる。これは1kHzの音の音圧レベルを基準に取り、異なる周波数の音を聞き比べ、1kHzと同じ大きさに感じる音圧レベルを求めたものである。この曲線より、人間の感覚は周波数に関係し、100Hz以下の周波数の低い音、および6kHz以上の周波数の高い音に対して鈍く、3～4kHzが特に敏感に感じることが分かる。このように、自動車の騒音についても、人が音の特徴についてどのように感じるかを考慮しなければならない。

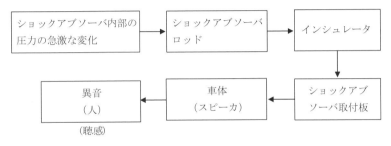

図7-24 音の伝達系

(3) ショックアブソーバに関係する騒音

　最近の自動車は低騒音化が進み、エンジン音、風切り音など車室内に入り込む騒音は減少した。このため、以前は問題にならなかったレベルのサスペンションの音でもクローズアップされるようになってきた。ショックアブソーバに関する騒音の種類としては、コトコト音、スイッシュ音（シューシュー音）などがある。

(a) コトコト音

　これは少し荒れた簡易舗装路などを10～30km/hの低速で走行しているときに発生するコトコトという数100Hzの室内騒音であるが、通常は余程神経を集中しないと聞こえない。

　音の伝達系は**図7-24**に示すとおりであり、ショックアブソーバの行程切替わり時に生じる圧力の変動がピストンロッドを加振し、車のばね上側マウント（インシュレータ）を介し車体へ伝達、共振して発生する音である。コトコト音を小さくするには、ショックアブソーバの内圧変動を抑える一方、マウント部のインシュレータ効果を上げて取り付け部や車体の共振を防ぐのが効果的である。

(b) スイッシュ音（シューシュー音）

　凹凸の大きな悪路などを20～50km/hで走行するときに発生するシューシューという数kHzの室内音である。発生メカニズムは次のとおりである。ショックアブソーバ内で作動油が絞り部を通過するとき、高速噴流となって圧力が低下し、油中に溶け込んでいるガスが析出して気泡となる（キャビテーション）。この気泡が下流に行なって周囲圧力が高くなると、崩壊、消滅する。この気泡の発生、消滅の過程において高い脈圧と騒音が生じ、この時に出る「シューシュー」という音がスイッシュ音である。

　図7-25にキャビテーションの発生状況を示す。これは、単筒ガス入りショックアブソーバのピストン部分を目視できるようシリンダをアクリル樹脂化し、キャビ

①気泡発生無し

②気泡発生始め

③気泡大量に発生

図7-25 キャビテーション発生状況

テーションを発生させるために封じ込めたガス圧を低下させてある。ピストンを通過する作動油の速度を徐々に高くしていくと、**図7-25**の①では発生していなかった気泡が②では薄く濁り始め、③では大量に発生し白濁して見える。

(4) タイヤに関係する騒音

タイヤに関係する騒音には**表7-2**に示すものがある。表中の①、②は主としてタイヤのトレッドパターンに起因するものであり、タイヤ設計時に決定されるものである。これに対し③、④は、タイヤ（ホイールを含む）のノンユニフォーミティ（不均一性）が加振源となっているものであり、タイヤ製造工程中のバラツキにより生じるものである。

タイヤのユニフォーミティ（均一性）は、寸法、剛性のユニフォーミティと重量バランスの三つに分類できる。これらはそれぞれタイヤ周上の振れ、剛性、重量分布の均一性を見るものである。タイヤの1回転中の半径の変動はランアウトと呼び、

表7-2　タイヤの振動、騒音現象

名称	現象	発生速度	周波数	タイヤ要因
①パターンノイズ	タイヤの転動により、トレッドパターンの溝部の空気が圧縮放出され発生する。車外音として問題になる。	0～	200～500Hz	トレッドパターン
②スキール音	タイヤと路面間のすべり音。	制動急発進～旋回		
③サンプ	タイヤ1回転に1回の打音。	30～80km/h	35～55Hz（キャリア）6～8Hz（ビート）	RFV高次
④ラフネス	タイヤ1回転中に2～3個のピークを持つ車内音および振動。	50～120km/h	20～150Hz	RFVまたはTFV高次

また、荷重をかけての軸力の変動はフォースバリエーション、重量分布の不均一を
アンバランスと呼んでいる。こうしたタイヤの不均一は、回転する時タイヤ自身が
加振力として働き、タイヤ～懸架系～車体などの共振により不快な振動、騒音となる。

　図7-26にフォースバリエーションの例を示す。軸力の変動は力の方向に応じて
RFV（ラジアルフォースバリエーション）、LFV（ラテラルフォースバリエーショ
ン）、TFV（トラクティブフォースバリエーション）と呼ばれている。

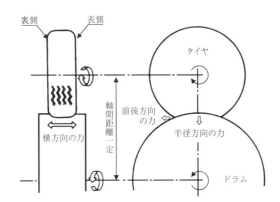

(1)　半径方向の力

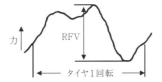

(2)　横方向の力

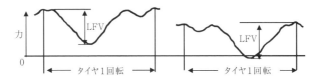

(3)　前後方向の力

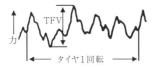

図7-26　タイヤのユニフォーミティの成分と波形[1]

7.4.2 振動

(1) 概要

　自動車の振動には、ばね上・ばね下の振動、懸架系の振動、操舵系・ブレーキ系の振動、エンジン系の振動、ボデーの弾性振動など、ほかにも様々な振動系がある。これらは車体の振動を引き起こし、騒音となる場合が多い。したがって、振動と騒音を区分し難い面があるが、ここではサスペンションの振動不具合としてシミー、ロードノイズ・ハーシュネス、乗心地不良について述べる。

(2) シミー

　路面の凹凸、タイヤのアンバランスなどの起振力により操舵輪がキングピンの回りに10数Hzの自励振動を起こす現象をシミーという。激しくなるとハンドルのみでなくボデーも振動させ、一度発生すると停車するまで消滅しない場合がある。タイヤのアンバランス（製造時のバラツキまたは偏摩耗）や、空気圧不足、ステアリング系の剛性不足、ガタなどにより発生しやすい。

(3) ハーシュネス、ロードノイズ

　自動車が凹凸のある路面を走行したとき、タイヤは路面から加振され、それが懸架系を通して車体に伝達される。この振動をハーシュネスおよびロードノイズという。

　特に、路面の継目や亀裂など単発的な凹凸を通過するときに生じる衝撃的な振動をハーシュネスといい、このときの周波数は100Hz以下である。これは低周波領域の乗心地を改善するために、タイヤの上下剛性を小さくしてからクローズアップされてきた現象である。バイアスタイヤとタイヤの上下剛性の小さなラジアルタイヤを使用したときの社内音の比較を**図7-27**に示す。この図から100Hz以下ではバイアスタイヤが優れており、これ以上の領域ではラジアルタイヤが優れていることが分かる。

　これに対して、連続的に荒れた路面を走行したときに生じる100〜500Hzの振動をロードノイズという。**図7-28**はスムーズな路面と荒れた舗装路を走行したときの車室内騒音の周波数スペクトルであり、荒れた路面では特に100〜500Hzの領域でレベルが上昇している。これがロードノイズである。

(4) 乗心地不良

　操安性と乗心地は二律背反する事柄である。サスペンション系の連結部分の剛性を高めると正確な動きを伝えるが、振動も伝える。逆に剛性を低くして振動を吸収すると、力の伝達に遅れが生じる。ショックアブソーバにおいても、減衰力を高めるとばね上・ばね下の動きを抑え、操安性と接地性が向上するが、乗心地は硬めに

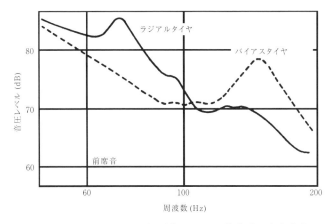

図7-27 バイアスタイヤとラジアルタイヤ装着時の車内音[1]

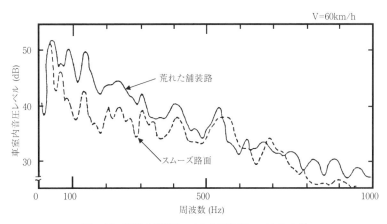

図7-28 車室内騒音レベルの周波数スペクトル[10]

なりゴツゴツ感が出る。逆に減衰力を低くするとフワフワ感が出る。どちらを優先
するかはその車のねらい、例えばスポーツタイプなのか高級車タイプなのかで決定
されている。

　このねらいとは異なり、ゴツゴツ感、フワフワ感が生じる現象として、フリクショ
ンの増加、減衰力の低下などの経時変化が挙げられる。

(a) ゴツゴツ感の増加

　ゴムブッシュが劣化すると当然ゴツゴツ感の増加につながるが、一方サスペン
ション系のフリクションが何らかの原因で増加した場合も、フリクション以下の入
力ではサスペンション系は動かずゴツゴツした感じになる。

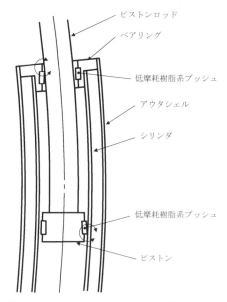

ピストンロッド

ベアリング

低摩耗樹脂系ブッシュ

アウタシェル

シリンダ

低摩耗樹脂系ブッシュ

ピストン

図7-29 サスペンションストラットの曲げ変形

　この要因は、リンク機構のボールジョイントの摩擦力の増加や、ショックアブソー
バ、特にストラットのフリクション増加などが挙げられる。このストラットのフリ
クション低減については、**図7-29**のように摺動部に低摩擦樹脂系ブッシュの採用や、
構造的にフリクションを低減する方法が採用され効果を上げている（第2章2.3.3項
参照）。

（b）フワフワ感の増加

　良路のコンクリート継目での振動の収まりが悪い、悪路で大振幅になるなど、**図
7-30**に示されるようなフワフワ感の増加はショックアブソーバの減衰力低下が原
因である。

　減衰力の低下は、摺動および発熱による油の劣化（粘度の低下）や蒸発、ピスト
ンリング、ピストンロッド、シリンダなどの摺動部の摩耗など製品の経時変化によ
るものであり、車の走行距離とともに減衰効果は徐々に低下する。

7.4.3　熱

　外気温および走行によってサスペンション系の温度は変化する。温度の影響を受
ける要素はショックアブソーバとリンク継手部（ゴムブッシュ）であるが、その影

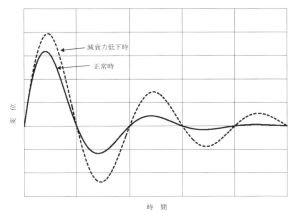

図7-30 フワフワ感の増加

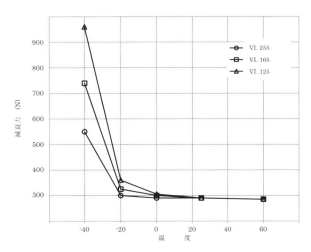

減衰力温度特性は油の粘度特性によって決まる。
粘度指数が高いほど良い。

図7-31 減衰力温度特性

響はショックアブソーバの方がはるかに大きい。ショックアブソーバの温度に対する特性変化について見てみると、ショックアブソーバの減衰力は作動油が絞り部分を通過するときの抵抗により発生するが、この作動油の粘度は温度により変化する。したがって、減衰力も温度によって変化することになる。**図7-31**は温度と減衰力の関係を、粘度指数を変えて調べたものである。粘度指数（Viscosity Index、V.I.）とは、油の温度変化による粘度変化の割合を示す尺度であり、粘度指数が高いほ

ど、温度による粘度変化が小さくなる。現在のショックアブソーバには用途に応じてV.I.＝100〜150程度のものが使われている。**図7-31**の特性から、例えば寒冷地のスタート直後にはショックアブソーバの減衰力は高くなり、逆に高熱地および悪路走行時には温度が上がり減衰力が低下するが、低温側に比べると高温側の変化は小さいことが分かる。熱による減衰力特性の変化は構造的に避けられないものであるが、

①V.I.値の高い作動油の採用

②ショックアブソーバ内部の隙間漏れの低減（油の粘度の影響は狭い隙間を通過するときさらに大きく受けるため）

などの向上手段が取られている。熱による影響をさらに少なくする方法としては、温度補償機構を設ける方式も考えられるが、大幅なコストアップになる。

参考文献

1) 新編自動車工学便覧、自動車技術会、1984 年
2) （財）日本自動車研究所　提供資料
3) 日本ムーグ（写真提供）
4) エムティエスジャパン株式会社（写真提供）
5) カヤバシステムマシナリー社　ホームページ
6) BOSCH 社　ホームページより
7) 小口泰平：人－自動車系の横加速度特性、丘書房
8) 岩本貞雄：自動車研究、第 8 巻 11 号、日本自動車研究所
9) ISO226. Acoustics -- Normal equal-loudness-level contours、2003
10) 吉村信哉：日本ゴム協会誌、第 61 巻第 1 号、1988 年

第8章　電子制御サスペンションと将来技術

8.1　電子制御サスペンション

　自動車が発明されて以来、長い間ばねとショックアブソーバによる懸架が行なわれてきた。これらは、ばね特性やショックアブソーバの減衰力特性が固定されおり、パッシブサスペンションと呼ばれる。パッシブサスペンションでは、ばね特性やショックアブソーバの減衰力特性をいくら変更しても、3章で説明した理論の範囲内でのチューニングであり、達成できる性能には限界がある。

　近年、コンピュータ技術やセンシング技術の発達により、信頼性が高くしかも比較的安価に電子制御を行なうことが可能になり、サスペンションに電子制御を取り入れることで、パッシブサスペンションの限界を越える性能を実現することが可能になってきた。電子制御サスペンションはその目的により色々なものがあるが、これらを総称して電子制御サスペンションと呼んでいる。

　電子制御サスペンションを制御の観点から分類すると、
　(1) 車高制御
　(2) アダプティブサスペンション
　(3) アクティブサスペンション
　(4) セミアクティブサスペンション
に分類できる。また、制御機器の観点から見ると
　(1) 減衰力特性可変装置
　(2) ばね特性可変装置
　(3) ロール剛性可変装置
　(4) 制御用電子機器 (センサー、コントローラ、アクチュエータ)
などに分類できる。

　本章では電子制御サスペンションに必要な機器や機構についてまず説明し、その後いくつかの制御システムについて説明する。また、各制御に固有の機器については、その中で都度説明を行なうこととする。

8.2 電子制御サスペンションに使用されるメカニズム

8.2.1 減衰力可変機構

　電子制御サスペンションにおいて、減衰力可変ショックアブソーバは欠くことのできない装置である。**図8-1**は典型的な減衰力可変ショックアブソーバの構造例で、アクチュエータによりコントロールロッドを介してロータリーバルブを回転させ、バイパス通路を開閉する方式である。

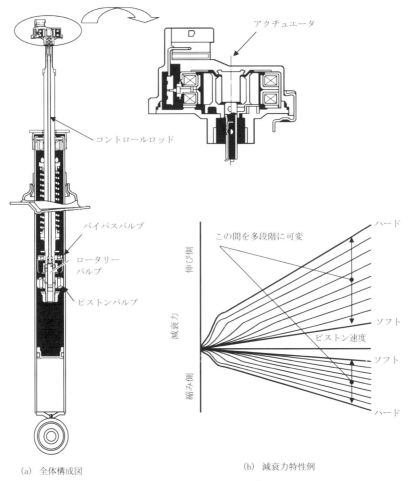

アクチュエータ

コントロールロッド

バイパスバルブ

ロータリー
バルブ

ピストンバルブ

ハード

伸び側

この間を多段階に可変

減衰力

ソフト

ピストン速度

ソフト

縮み側

ハード

(a)　全体構成図　　　　　　　　　　(b)　減衰力特性例

図8-1　減衰力可変ショックアブソーバ

バイパス通路を閉じると、ショックアブソーバのシリンダ内の油は、ピストンに設けたハード減衰力を決定するピストンバルブのみを流れ、最もハードな減衰力となる。バイパス通路を全開にすると、シリンダ内の油はソフトの減衰力を決定するバイパスバルブのみを通って流れ、最もソフトな減衰力特性となる。バイパス通路の開度を中間状態にすると、その度合いに応じてピストンバルブとバイパスバルブを流れる流量比が変化し、ハードとソフトの中間の減衰力特性が得られる。最近はアクチュエータとしてステッピングモータが用いられ、減衰力は10数段階に選択できるようになっている。

　日本ではステッピングモータ駆動による減衰力可変ショックアブソーバが多く用いられているが、海外ではソレノイドを用いた方式が多い。**図8-2**は比例ソレノイドバルブを用いた減衰力可変ショックアブソーバの例で、伸び側、縮み側とも油は一方向に流れ、同じソレノイドバルブで伸び縮み両方の減衰力を発生するようになっている。この方式は伸び側、縮み側の減衰力の比率がピストンとピストンロッドの断面積の比で決定され、設定自由度が小さいという欠点があるが、縮み側の減衰力可変範囲が大きく取れ、システムが故障したときに、減衰力を自動的に高い側や任意に設定した値に維持できる利点がある。

　図8-3はステッピングモータやソレノイドを持たず、流体の性状を電気的に制御して減衰力を制御するショックアブソーバである。構造は単筒ガス入りショックア

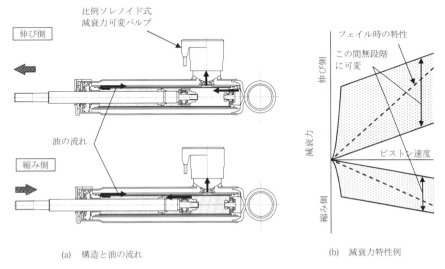

(a)　構造と油の流れ

(b)　減衰力特性例

図8-2　ソレノイドバルブ式減衰力可変ショックアブソーバ

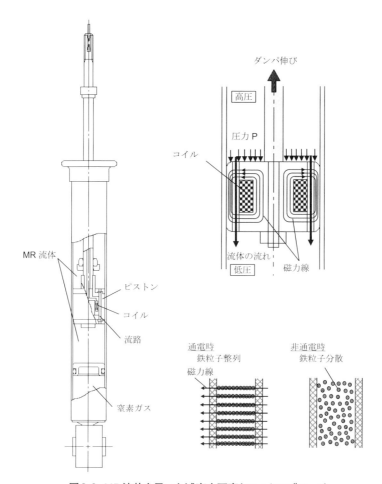

図8-3 MR流体を用いた減衰力可変ショックアブソーバ

ブソーバを基本としている。ストラットに適用する場合は倒立にして、ストラットのアウターシェル内に組み込まれて使用される。ピストン部にはコイルが設けられており、通電するとピストンの流体が流れる部分に磁界が生じるようになっている。

　このショックアブソーバに用いられる流体は通常の油と異なり、流体の中に鉄の細かな粒子が懸濁されており、Magneto-Rheological(MR) Fluidと呼ばれている。この流体に磁界を与えると粒子間の結合力が強まり、流体のせん断力が大きくなって、狭い隙間を流れるときの抵抗が増大する。このショックアブソーバの減衰力可変機構はその原理を応用したものである。減衰力切替え応答時間はステッピングモータやソレノイドよりも短く、1/100秒以下で切替わる。

8.2.2 ばね定数可変機構

　ばね定数の可変機構にはエアサスペンションやハイドロニューマチックサスペンションなど、ばねとして気体を利用したものが用いられる。**図8-4**に実際の構造例を示す。

　ばね定数可変機構は空気ばね部(容積 V_1)とサブタンク(容積 V_2)、および両者を連通する通路間に設けられた開閉弁により構成される。空気ばねのばね定数は近似的に、

$$K = \frac{n \cdot A^2 \cdot P}{V} \quad \cdots\cdots (8\text{-}1)$$

K：ばね定数
n：ポリトロープ指数
A：有効断面積
P：空気の圧力(絶対圧力)
V：空気室の容積

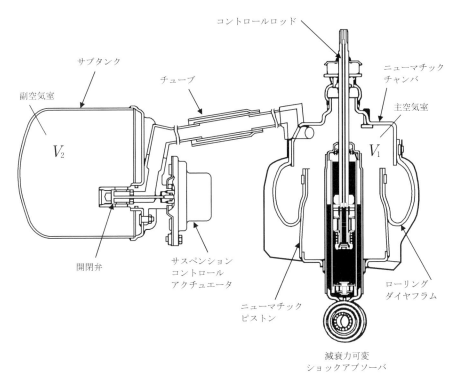

図8-4　ばね定数の可変原理

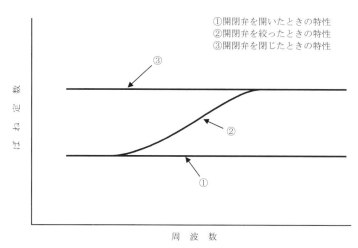

①開閉弁を開いたときの特性
②開閉弁を絞ったときの特性
③開閉弁を閉じたときの特性

図8-5　ばね定数可変機構のばね定数周波数特性

として表され、開閉弁が開いているときは $V = V_1 + V_2$ となって分母が大きくなり、ばね定数 K は小さくなる。逆に、開閉弁を閉じると $V = V_1$ となって分母が小さくなり、高いばね定数が得られる。

　開閉弁を開く、閉じる、の２種類だけでなく、小さな穴（絞り）を介して連通させると、ばね定数は**図8-5**の②に示すような周波数特性を持つ。ゆっくりとしたばねの動き（低周波）のときには、空気ばねとサブタンク内の圧力変化は等しく、開閉弁が開いているときのばね定数と同じになる。しかし、ばねの動きが早くなると、空気ばね内の空気が絞りによりサブタンクへ流れ難くなり、開閉弁が閉じているときのばね定数に近づいていく。また、絞りを空気が流れることで差圧を生じ、このときはばね定数が変化するだけでなく、減衰力もある程度発生する。

8.2.3　ロール剛性可変機構

　車両のロール剛性はステアリング特性に深く関わっていることは第３章で説明した。前述のばね定数可変機構でもロール剛性は変化するが乗心地に影響を与える。ロール剛性に限った場合は、スタビライザのねじり剛性可変機構がある。**図8-6**に油圧シリンダを使用したシステムを示す。

　図8-6上図に示すように、スタビライザの一端とロアアームの間に油圧シリンダが装着されている。油圧シリンダは、ピストンロッドおよびピストンと、伸縮に伴う油の流れを制御するオペレートチェック弁から構成されている。

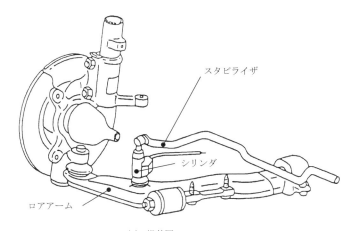

(a) 搭載図

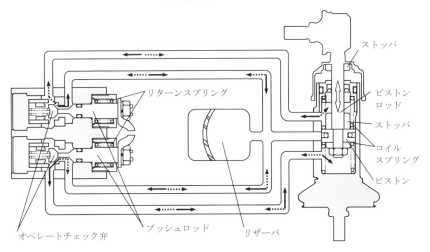

(b) 油圧システム図

図8-6 スタビライザ剛性可変装置の例(油圧シリンダ方式)

　シリンダは、**図8-6**下図の状態のようにオペレートチェック弁が開いた状態では、油はピストン上下室間を自由に行き来することができ、路面入力によりロアアームが上下動してもシリンダが伸縮するので、スタビライザにねじりは生じない。本図の例では、シリンダの内部にコイルスプリングが入っているので、スタビライザは完全にフリーになるのではなく、スタビライザはコイルスプリングを介してロアアームと連結されることになり、スタビライザは低い剛性となる。

　オペレートチェック弁を閉じた状態にすると、シリンダ内の油は流路を閉塞され

るために自由に流れることができず、油圧シリンダはロック状態となって、スタビライザ本来の高いねじり剛性が得られる。

しかし、不整路などの走行中にシリンダが中央位置でないところでロックされた場合には、平坦路面に戻ると車体姿勢が左右に傾いてしまう不都合が生じる。この問題を解決するために、**図8-7**に示すように、ピストンがいかなる位置でロックされても、シリンダ中央位置まで戻って固定されるように、ロック位置にリザーバ室と連通するポートを設ける工夫がされている。

図8-7はスタビライザの端部にシリンダを設ける方式であるが、スタビライザを二つに分割して中間に油圧で結合／解除できるクラッチを設けたものもある（**図8-8**参照）。

現状、ロール剛性可変機構は、SUV等でオフロードを走行するときにロール剛性を下げ、各輪が路面に追従しやすくして接地力を確保する目的で主に使われている。しかし、オンロードで車両の走行状態に応じて、通常乗心地確保のために剛性を低くしておき、操舵時に剛性を高めるなどの使い方も可能である。

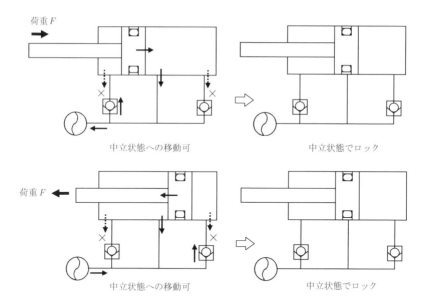

図8-7　スタビライザ剛性可変シリンダ作動原理図

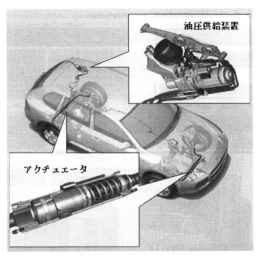

図8-8 クラッチ式のスタビライザ剛性可変システム[1]

8.3 サスペンション制御に使われる電子機器

8.3.1 概要

(1) エレクトロニクス機器

自動車におけるエレクトロニクス技術の利用は、1967年のエンジンの電子燃料噴射装置、フルトランジスタ・イグナイタより始まった。次いでマイクロコンピュータを用いた点火時期制御、排気ガス制御装置が現れ、その後、トランスミッション、パワーステアリング、サスペンションなどのシャシ関係機器にも適用されるようになった。サスペンションにおいては、1980年頃よりエレクトロニクスを用いたシステムが実用化されている。

一般に自動車のエレクトロニクスシステムは次の機器より構成される。

①バッテリ

　システムの電源（乗用車では一般に12V）

②ハーネス、コネクタ

　機器間の配線、ヒューズ、ヒュージブルリンク、ハーネスの保護

③センサ、スイッチ

　車両や機器の状態、運転者の意思を電気信号に変換

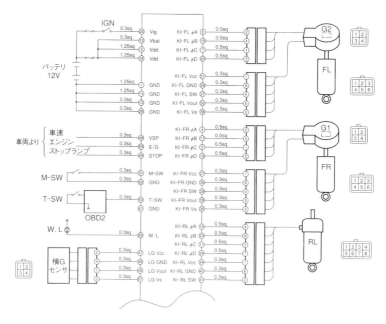

図8-9　システム結線図例

④コントローラ

　電気信号の増幅、制御の計算判断

⑤アクチュエータ

　電気信号を機器の状態に変換

⑥ディスプレイ

　システムの状態を運転者に伝える

　図8-9は減衰力制御システムの結線図の一例である。コントローラを中心にバッテリ（イグニッション）、センサ（車速、エンジン、ストップランプ、横G）、制御モードを選択するスイッチ（M-SW）、制御モードを表示するディスプレイ（W.L.）、ショックアブソーバの減衰力を切替えるアクチュエータなどがハーネス（電線）により接続され構成されている。

(2) エレクトロニクスの信頼性

　自動車に搭載されるエレクトロニクス製品は、通常の家庭で使われる電気製品と比べて環境条件が非常に厳しくなっている。

　例えば、自動車は100℃を超える最高温度、－30℃以下の最低温度の下でも使用されることがあり、走行することにより上下、左右、前後方向に振動も受ける。こ

れらは、家庭電気製品では考えられない条件である。

　また、自動車に搭載されている機器が故障すると、単にその機器が動かなくなることのみならず自動車全体の故障原因となり、事故につながる可能性もある。このため、自動車に搭載されるエレクトロニクス製品は十分な信頼性、耐久性が必要である。

　一方、自動車は家庭電気製品と同じく多量に生産され、厳しいコスト競争の下にあり、自動車のエレクトロニクス製品も家庭電気製品並みのコストでなければならない。自動車のエレクトロニクス製品は、信頼性とコストの両立が要求されているのである。

　予想される環境条件において機能を果たし、長期間にわたって故障がなく、安全性の高いエレクトロニクス製品とするために、次のような信頼性に対する考え方、やり方が行なわれている。

①信頼性設計

（a）故障しないように設計する

　環境条件を考慮したエレクトロニクス部品の選択、余裕のある使い方、信頼性が確認されている部品の活用などが、この設計のポイントである。

（b）故障しても影響が少ない構成とする

　FTA（故障解析、Fault Tree Analysis）やFMEA（故障形態と影響解析、Failure Mode and Effect Analysis）という解析手法を用いて故障発生確率を下げ、万一故障が発生しても影響が最小となるように設計する。

②信頼性試験

　自動車のエレクトロニクス製品の環境条件を実測して、標準的環境条件が規格化されている。表8-1に示すような温度、振動のほか、湿度、衝撃、水、油、塵埃などの物理的な条件、電源電圧の変動、異常な電圧、過渡的な高電圧ノイズ、電波ノイズなどの電気的な条件、耐久的な

表8-1　自動車電子機器の環境試験の種類

特性	試験の種類
正常電源電圧作動	通常電源電圧試験
	始動時電源電圧試験
耐異常電源電圧性	電源逆極性接続試験
	過電圧試験（A法）
	過電圧試験（B法）
耐過渡電圧性	過渡電圧特性試験
	過渡電圧耐久試験
	静電気試験
	伝導電磁（気）試験
	放射電磁（気）試験
耐熱・耐寒性	温度特性試験
	低温放置試験
	低温作動試験
	高温放置試験
	高温作動試験
	温度サイクル試験
	熱衝撃試験
耐湿性	温湿度サイクル試験
	定常湿度試験
耐振性	振動試験
耐衝撃性	衝撃試験
耐水性	耐水試験
耐塩水性	塩水噴霧試験
耐塵埃性	塵埃試験
耐油性	耐油試験

条件からなっている。

　環境条件や耐久性を考慮した設計の妥当性を確認するために、この信頼性試験が繰り返して行なわれている。

③故障検出

　故障時に速やかに故障内容、故障箇所を発見できることを目的とする。コントローラ内に故障診断の機能を持たせて、故障が発生したことをディスプレイに表示したり、専用の故障診断装置に接続して故障箇所を知らせるなどの方式がある。

　さらに、2011年11月に正式発行した機能安全規格ISO 26262は、ある機能・部品が故障したとしても、システムの安全性を確保するための要求事項を規定しており、安全な自動車を開発・生産するために有効と考えられる開発手法や設計基準、管理方法など体系化した国際標準規格となっている。近年はこの規格に沿った開発を求められるようになってきた。

8.3.2　サスペンション制御用センサ

(1) 車速センサ

　サスペンション制御に最も良く使用されている信号は、車の速度である。ロールの大きさは車速と旋回半径により決まり、また高速であることを検知して車両の安定性を増すなど、車速は各種の制御に用いられている。

　車速センサはホール素子やMR素子（Magnetic Resistance Element）で検出する半導体方式が主流となっている。**図8-10**にMR素子での原理図を示す。MR素子は磁力線の作用する方向によって、抵抗の大きさが変化する性質を持っており、多極マグネットリングの回転速度に応じて磁力線が変化してパルス信号を発生する。多

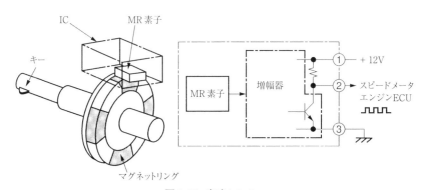

図8-10　車速センサ

極マグネットリングを回すのは、ミッションに取り付けられたドライブギアが車速センサのドリブンギアを駆動することによって行ない、1回転で4パルスの信号を出力する。

車速センサの回転数は車速60km／hのとき、乗用車では637rpmに決められている。車速信号を計数すると走行した距離も得られ、このときは1kmにつき637回転となる。

(2) 操舵角センサ

ステアリングホイールの中立位置と操舵した角度、方向、操舵の速さを検出するセンサである。サスペンション制御では、車速と組み合わせてロールの検出に用いられている。この方法では、運転者のステアリング操作によりロールの発生を予測するので、制御の応答が速くなる長所がある。

図8-11に示す操舵角センサはステアリング部に配置され、位置をずらした2組の発光ダイオード(LED)とフォトトランジスタを組み合わせ、ステアリングホイールと一緒に回転するスリット板により光を通過させたり遮断したりして(フォトトランジスタをON、OFF)、位相差のある信号を得ている。ステアリングホイール

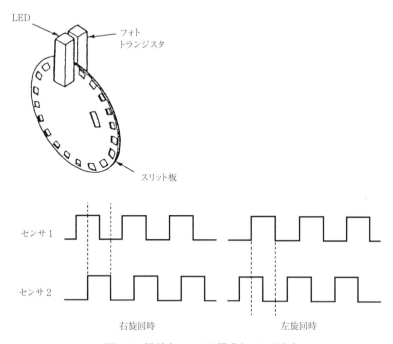

図8-11　操舵角センサの構造とセンサ出力

の回転方向による２組の信号のタイミングの違いをコントローラで判断して出力信号を計数し、操舵角度と右旋回か左旋回かの信号が得られる。この２つの信号のみでは直進位置は決らないが、これは３番目の中立位置センサによって求められる。操舵の速さは出力信号の一周期の時間により得られる。このほかにポテンショメータを用いて電圧の値で検出する方法や、ステアリングホイールと一緒に回転する多極磁石の磁界変化を磁気センサで検出する方法がある（図8-12）。磁気センサには、ホール素子、

図8-12　磁気式操舵角センサ[2]

MR素子を用いる。磁気センサを用いる方式は舵角分解能が高く取れるので現在主流となっている。

(3) 加速度センサ

　操舵角と車速によるロールの大きさの判断は、車輪がスリップしているときには正確でなくなる。このため、直接横方向の加速度や前後方向の加速度を検出するために加速度（G）センサが用いられることがある。また、後述のアクティブやセミアクティブ制御では、上下方向の加速度を検出する場合にも用いられる。

　加速度センサの原理として、ピエゾ抵抗方式と静電容量方式の二つが主に用いられる。図8-13、図8-14はそれぞれの加速度センサの原理を示したものである。ピ

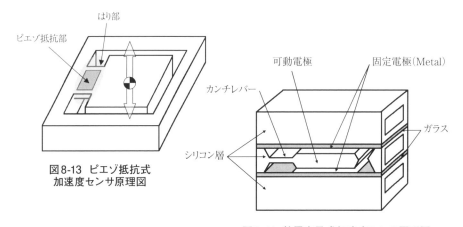

図8-13　ピエゾ抵抗式
加速度センサ原理図

図8-14　静電容量式加速度センサ原理図

エゾ抵抗方式はシリコンにマイクロマシニング加工を施した片持ちのはり構造をとっており、はり部にピエゾ抵抗を形成している。加速度の作用によりはり部にひずみが発生し、その結果ピエゾ抵抗効果による抵抗変化が生じる。この抵抗変化を集積回路で信号処理を行ない加速度として検出している。

静電容量方式はシリコンとガラスのサンドイッチ構造で、シリコンにマイクロマシニング加工を施した可動電極とその両側の固定電極でコンデンサを形成している。加速度が加わるとカンチレバーがたわみ、コンデンサの静電容量が変化する。この静電容量の変化を集積回路で信号処理を行ない加速度として検出している。

(4) 車高センサ

車高制御システムにおいて、積載荷重が変化したときに車高を一定に保つ場合や、車高を変化させる場合、車両の高さを検出するセンサが必要である。このために、サスペンションの変位を検出する車高センサが用いられている。車高センサは変位センサとかストロークセンサとも呼ばれる。

図8-15は摺動抵抗式の車高センサの例である。センサ本体は通常車体側に取り付けられ、サスペンションの変位はコネクティングロッド、レバーを介してシャフトの回転運動に変換される。センサ内部は樹脂基板上に形成された抵抗体と、シャフトに固定されたブラシが摺動する構造となっている。ブラシの接触により、端子間の抵抗値がシャフト回転角に比例して変化するので、抵抗体に一定電圧を加えておけば、回転角（すなわちサスペンション変位）に応じた電圧として検出できる。

さらに抵抗体とブラシに替え、永久磁石とホール素子やMR素子を用いて非接触で検出する磁気センサもあり、摺動抵抗式に比べ耐久性上有利である。

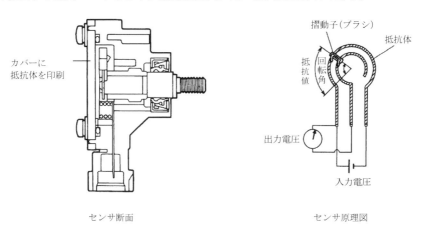

カバーに抵抗体を印刷

摺動子（ブラシ）
抵抗体
抵抗値
回転角
出力電圧
入力電圧

センサ断面　　　　　　　　センサ原理図

図8-15　摺動抵抗式車高センサ

また、車の上下方向の振動を、路面を基準として検出する車高センサも実用化されている。このタイプのセンサとしては超音波センサがある。これは超音波を路面に放射して、その反射波がセンサに戻ってくる時間を検出して車高に換算している。車の上下方向以外に路面の状態も検出できる。

(5) 角速度センサ

　角速度センサは、レートセンサとも呼ばれ車両運動の角速度を検出するセンサで、検出方向によってロールレート、ピッチレート、ヨーレートのセンサとなる。角速度センサといえば、こまの原理を利用した機械式ジャイロ・センサが思い浮かぶが、小型化が難しく、機械的摩耗の影響もあり、車両搭載には不向きだった。近年Si（シリコン）マイクロマシニング技術を利用したMEMS（Micro Electro Mechanical Systems）センサが安価に製造できるようになってきたため、車両搭載できるようになった。

　図8-16に"コリオリの力"を利用した例を示す。音叉型をしており交流電圧で駆動すると振動子が矢印の方向に振動する。旋回などにより角速度が作用するとコリオリ力が発生して振動子がひずむことで、交流信号が発生し、その信号を復調することにより、角速度に比例した直流電圧を得ることができる。

　なお、別の方法として、車両に同一方向を検出する加速度センサが複数ある場合は、間接的に角速度が検出できる。ただしその場合は、車体が剛体であるとして演算するため、レートセンサと比べ検出誤差は大きくなる。

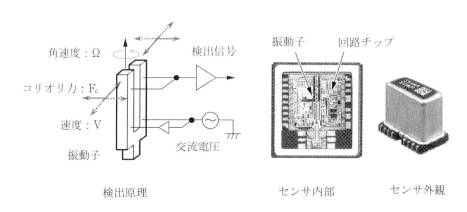

図8-16　角速度センサ[3]

8.3.3 サスペンション制御用コントローラ

図8-17は3つの上下G(加速度)センサ(FR-G、FL-G、RR-G)の信号をもとに減衰力制御を行なうコントローラのブロック図の一例である。コントローラはシステムの中枢部であり、次のように多くの機能を持っている。

①電源の供給

電源回路はCPUやコントローラ内部で使用するシステム電源と、センサなど外部に供給する外部電源の二つで構成され、ともに安定化電源専用のICが用いられている。外部電源はショートなどの異常から回路を保護するためにCPUでON/OFFできるようになっている。

②入力保護回路

入力保護回路でセンサやスイッチの信号に重畳する外来ノイズの除去，増幅，レベル変換，レベル比較を行ない、CPUの入力に適した信号に変換する。ダイオード、トランジスタ、OPアンプ等が使用されている。

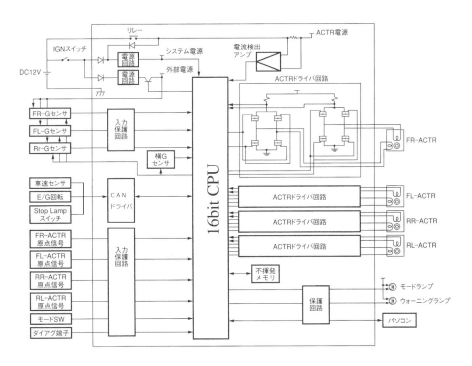

図8-17 コントローラブロック図例

③制御の演算

　CPUは車載用ワンチップマイクロコンピュータが用いられる。これにはプログラムの格納や演算に用いるメモリ、時間やイベントを計数するタイマ／カウンタ、アナログ信号をデジタル値に変換するA/Dコンバータ、デジタル値をアナログ信号に変換するD/Aコンバータなどが内蔵されている。CPUは入力信号から決められた制御則に従って演算を行ない、アクチュエータ駆動回路に信号を出力する。

④アクチュエータの駆動

　アクチュエータ駆動回路はCPUからの出力信号によってアクチュエータを駆動する。通常CPUでは数mA〜数10mA程度の機器しか駆動できないが、パワーMOSFETなどを用いてモータ、ソレノイド、バルブ、リレーなどの出力機器を駆動できるように信号を増幅する。

⑤フェイルセーフ

　CPUはセンサ、アクチュエータ、ハーネスなどの異常を検知し、システムを安全側に作動させる。異常検知は入出力の電圧電流値の範囲やその継続時間などにより検知する方式が多い。また、自己診断機能付きセンサやドライブ素子は、電圧範囲や素子の入出力信号の組み合わせから異常情報を読み取ることができる。さらに、ドライブ素子の中には素子単体で過電流、過熱保護機能を持つものもある。

　CPU自身は内蔵メモリのチェックや内蔵回路の定期的なイニシャライズを行なう。さらにプログラムの暴走検知をウオッチドッグタイマ（WDT）で行ない、暴走時はリセット信号によりシステムを復帰させる。

⑥不揮発メモリと通信機能

　CPUの内部RAMは電源をOFFすると記憶情報を消去してしまうが、不揮発メモリは消去しないので様々な用途に使われる。代表的な例としてセンサ信号の中立のためのオフセット値の記憶、制御パラメータの記憶、異常情報の記憶がある。

　コントローラは他のユニットや、センサなどと通信する機能を持っている。本例では車速、エンジン回転、ブレーキ信号などを他ユニットと情報共有している。初期はワイヤーハーネス削減目的で導入され、メーカ、車種毎に異なった通信規格であったが、現在は世界的にいくつかの標準規格が採用されている。一般的に普及しているのがCAN（Controller Area Network）と呼ばれる車載ネットワークで、ほかに通信速度の低いLIN、高速、高信頼性のFlexRayがある。

⑦故障診断

　故障診断はダイアグノーシス（Diagnosis）とも呼び、センサ、アクチュエータ、コントローラなどの異常を検出して異常情報の記憶と警告をするものである。

コントローラは入出力信号などが異常と判断したとき異常コード（Diagnosis Trouble Code：DTC）とそのときのデータを前述の不揮発メモリに記憶し、インストルメントパネルにある異常警告ランプを点灯させ、運転者に異常状態を知らせる。異常コードとデータは診断ツールで読み出すことができ、故障個所の特定に役立てる。

　なお、この故障診断の通信は、前述のCANを用いるのが一般的になっており、OBDやKWP2000などの規格がある。

8.3.4　減衰力制御用アクチュエータ

　減衰力切替えアクチュエータは、ショックアブソーバに取り付ける位置により、ピストンロッドの上部に付くタイプ（**図8-18**）、カバーに内装されるタイプ（**図8-19**）、ピストンロッドの中に内蔵されるタイプ、アウターシェルに横付けするタイプなどがある。また、切替え段数も用途により、2段、3段、多段階に可変するものがある。

　減衰力切替えアクチュエータは、ショックアブソーバのコントロールロッドを回転させ、ショックアブソーバ内のピストン部の減衰力切替え用ロータリーバルブを

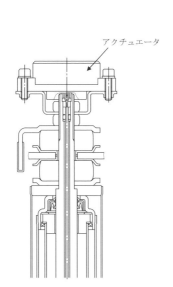

図8-18　外装式アクチュエータ

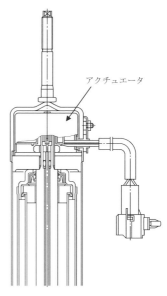

図8-19　内装式アクチュエータ

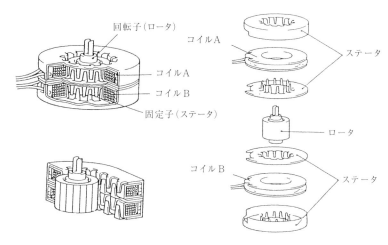

図8-20 ステッピングモータ方式アクチュエータ

開閉し、低い減衰力から高い減衰力まで変化させることができる。

図8-20は多段切替え用として一般的なパーマネントマグネット（PM）型ステッピングモータを示す。2つのコイルに交互にパルス電流を流すと、ステータに電磁力が発生して永久磁石からなるロータを吸引して、所定の角度ずつ回転する。電流の与え方の順序を変えることにより逆回転も可能である。非接触タイプであり、パルスの与え方により、回転の速度や位置を自由に制御できる特色を持っているので、日本では主流の方式となっている。回転角度を規制するストッパを有した構造のものや、位置検出機構を内蔵したタイプがあり、セミアクティブなどのきめ細かい制御用のアクチュエータとして使用されている。

また、8.2.1項に示したように、ステッピングモータ方式の他に、比例ソレノイドを用いて無段階に制御するものもある。

8.4　車高制御システム

車高制御の目的は二つある。一つは乗員や荷物を積んで車体重量が増加したときに、尻下がりの姿勢となるのを防止して水平姿勢を保つオートレベリング機能であり、もう一つは走行状態や不整路などで車高自体を高くしたり低くしたりする車高調整機能である。これらの目的により、種々の車高制御システムが採用されている。

車高制御システムは図8-21に示すように、油圧式、空圧式、電気式に大別される。油圧式はさらにジャッキ式、ハイドロニューマチック式、セルフレベリング式に分

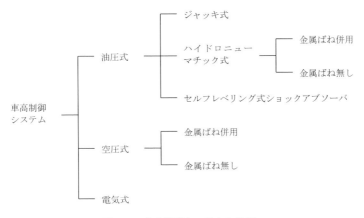

図8-21　車高調整システムの分類

類され、ハイドロニューマチック式も空圧式と同様に、金属ばねを持つものと持たない方式の2種類がある。現在は空圧式が多く採用され、耐荷力が大きく、しかも低ばね定数が得やすい金属ばねなしの方式が主流になっている。また、電子制御ではないが、セルフレベリング式ショックアブソーバも欧米ではオプション部品として設定されている。

8.4.1　油圧ジャッキ式

　図8-22に油圧ジャッキ式の例を示す。システムは各輪に設けられた油圧ジャッキ、モータ駆動のポンプ、スプール弁、プレッシャスイッチなどにより構成されている。ジャッキ以外の機器は1つのユニットに集約され、シンプルにまとめられている。車高を上昇させる場合はポンプを回転させ、タンクから吸込んだ油を各ジャッキに送り込みプランジャを移動させる。全てのプランジャがストロークエンドに達すると油の圧力が急激に立上るので、プレッシャスイッチでこの圧力を検知しモータを停止させる。

　車高を下降させる場合は、ポンプを逆転させることによりポンプから吐出された油はスプール弁、オリフィスを通りタンクへ戻される。油はオリフィスで絞られるので圧力が立ち、その圧力によりスプール弁を動かし、各ジャッキからタンクへ戻る流路を開き、ジャッキ内の油はタンクへ戻される。

　車高の上昇、下降の制御は運転席に設けられた選択スイッチや車速信号により、別に設けられたコントローラで制御される。

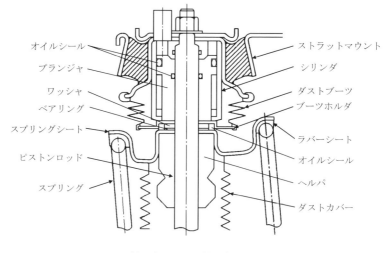

（a） 油圧シリンダ部詳細

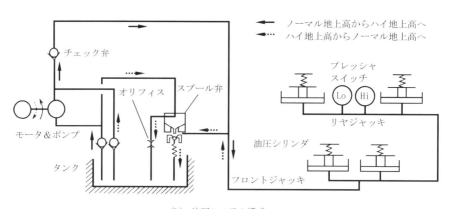

（b） 油圧システム構成

図8-22　油圧ジャッキ式の例[4]

　この方式は車高センサを用いず、システムがシンプルであるという利点を持つが、反面、積載時に車体姿勢が尻下がりになる現象を補正することはできない。どちらかというと悪路での走破性向上をねらったもので、4WD車（4輪駆動車）などに向いている。

8.4.2　ハイドロニューマチック式

　この方式は、古くからシトロエンのものがよく知られている。**図8-23**にシトロエンのハイドロニューマチックサスペンションの例を示す。懸架シリンダの上部にアキュムレータを設け、アキュムレータ内に封入された窒素ガスの圧縮性をばねとして利用している。車高の調節は、前後輪に設けられた車高調節器（機械的なバルブ）により懸架シリンダにポンプからの油を供給したり、懸架シリンダからタンクへ油を排出して行なわれる。

　図8-24、**図8-25**に電子制御式のハイドロニューマチックサスペンションの例を示す。車高を上昇させるときにはモータでポンプを駆動し、ソレノイド駆動の制御バルブ（レベリングバルブとゲートバルブ）を開いて各シリンダ（ショックアブソーバ）に油を供給する。車高を下降させるときには、制御バルブとリターンバルブを開いて、シリンダ内の油をリザーバに排出する。ハイトコントロールセンサの信号により常に車高を監視し、目標の車高に達したら給排動作を停止する。電子式の良い点は、多段階に車高を設定できる点と、車速などの信号により自動的に車高を変えられる点にある。このシステム例では標準車高のほかに、±40～50mmの高低の車高設定が可能となっている。また、後述するセミアクティブ制御も行なっており、そのための減衰力可変機構も設けられている。

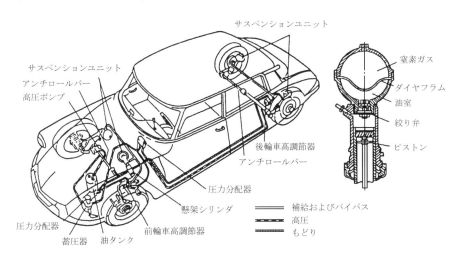

図8-23　ハイドロニューマチックサスペンションの例[5]

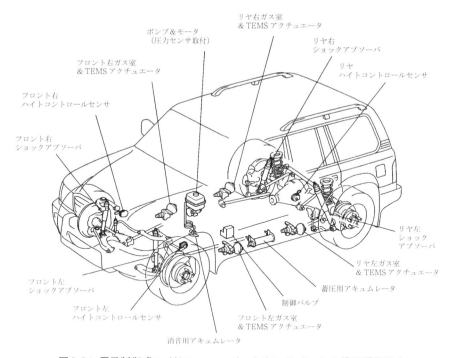

図8-24 電子制御式ハイドロニューマチックサスペンションの機器搭載例[6]

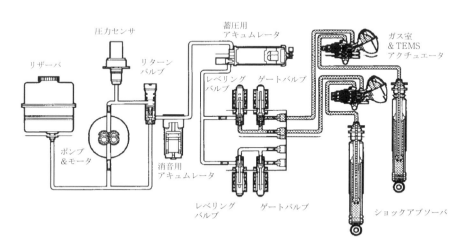

図8-25 電子制御式ハイドロニューマチックサスペンションの油圧回路例[6]

8.4.3 空圧式（エアサスペンション）

　空圧式は空気を大気より吸込んだり、大気に放出したりして手軽に利用できるメリットがある。現在の車高調整システムのほとんどはこの空圧式である。

　図8-26にエアサスペンションシステムの例を示す。サスペンション部は、ショックアブソーバおよびそれと一体に構成された空気ばね部とにより構成されている。これ以外に、空気を送り込むコンプレッサ、空気を乾燥させ低温時の結露を防止するドライヤ、空気ばねへの給排を行なうソレノイドバルブ、エアタンク、コントロールユニットなどによりシステムは構成されている。この例では車高センサは空気ばね内に設けられているが、一般にはロアアームと車体との間に装着される場合が多い。ドライヤの水分吸着剤としてはシリカゲルが一般的に使用され、空気を排出するときに減圧再生を行なうプレッシャスイング方式を採用しているので、水分が飽和することなく半永久的に使用できる。また、エアタンクは車高上昇時間を短縮させるためのものであるが、コンプレッサの容量を大きくしてエアタンクを持たないシステムもある。

　システムは、車高が設定車高より高いときには車高センサの信号が設定車高になるまでソレノイドバルブ、排気ソレノイドバルブを開いて大気に空気を放出するように作動する。逆に車高が低いときには、設定車高になるまでソレノイドバルブ、給気ソレノイドバルブを開き、コンプレッサを作動させて空気を供給する。また、車両が旋回状態にあるときなどには、安全性を考慮し車高調整を禁止するのが一般的である。

8.4.4 セルフレベリング式ショックアブソーバ

　今まで説明した車高制御システムはすべてモータやエンジンなどの動力源を必要とした。電子制御ではないが、ここに説明するセルフレベリング式ショックアブソーバは動力源を必要とせず、走行中の車体や車輪の振動によりショックアブソーバがストロークするのを利用して、車高を一定の高さに保つ装置である。**図8-27**にその構造を示す。

　後席に人が乗ったり、荷物を積んで走行すると車が尻下がり状態となり、ショックアブソーバは短くなった状態でストロークする。この状態でショックアブソーバが伸びると、ポンプ室の容積が拡大し、低圧室にある油がポンプロッド内の通路を通り、吸込みチェック弁を開いてポンプ室の中に吸込まれる。次にショックアブソー

部　　品	機　　　　能
エアサスペンション	空気ばね＋ダンパ
コンプレッサ	空気ばねおよびエアタンクへ空気を供給する
給気ソレノイドバルブ	空気ばねまたはエアタンクへ空気を供給するときの通路を開く
排気ソレノイドバルブ	空気ばねより排気するときの通路を開く
制御ソレノイドバルブ	空気ばねの通路を開閉する／車高調整時に開く
車高センサ	以下の信号をコントロールユニットに送る 　　ノーマル車高で　高い／低い 　　ハイ車高で　高い／低い
プレッシャスイッチ	エアタンク内の圧力が所定値より高いかまたは低いかの信号をコントロールユニットへ送る
エアタンク	車高切替え時間を短縮する
ドライヤ	システム内の空気を乾燥する
車高切替えスイッチ	ノーマル車高とハイ車高の切替えを行なう （ハイ車高時点灯するインジケータを備えている）
コントロールユニット	システムの制御をする

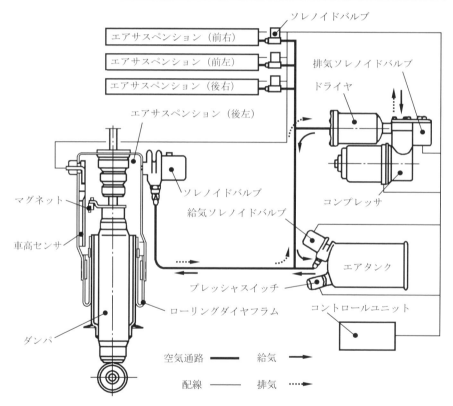

図8-26　エアサスペンションの例[7]

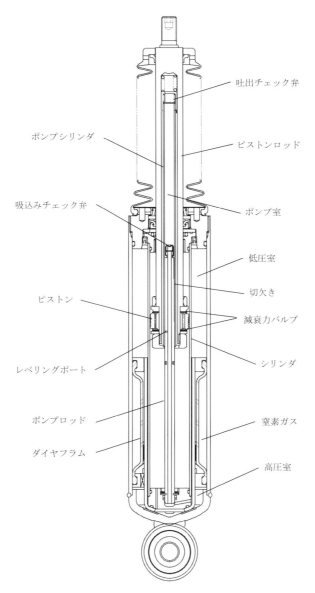

吐出チェック弁

ピストンロッド

ポンプシリンダ

ポンプ室

吸込みチェック弁

低圧室

切欠き

ピストン

減衰力バルブ

レベリングポート

シリンダ

ポンプロッド

窒素ガス

ダイヤフラム

高圧室

図8-27　セルフレベリング式ショックアブソーバの構造

バが縮むときには、ポンプ室の中の油は吐出チェック弁を開いて、ピストンロッドとポンプシリンダの間の隙間を通って高圧室に連通しているシリンダの中に押し込まれる。走行中にこの動作を繰り返しながら高圧室に油を送り込み、高圧室内のダイアフラムで仕切られた窒素ガスを圧縮してシリンダ内の圧力を高め、ピストンロッドの反力が上昇することにより車高が復帰する。所定の車高になると、ポンプロッドに設けた切欠きを介してポンプ室とシリンダ内が連通し、吸込みチェック弁を開かないようにしてポンプ作用を停止させる。したがって、車高復帰後は、その後走行を続けても車高がそれ以上に高くなることはない。

　次に荷物を降ろすと、車高は若干車高が持ち上がる。ショックアブソーバが伸びてレベリングポートがポンプシリンダの先端から外に臨むと、高圧室の油はレベリングポート、ポンプロッド内の通路を通って低圧室に戻される。高圧室の油量が減少するので、窒素ガスが膨張することにより圧力は低下し、ピストンロッドの反力が減少して車体は下降する。レベリングポートが塞がれる高さまで下降すると、油の排出動作は停止する。このようにして荷物を積んでも、降ろしても常に一定の車高に保つことができる。セルフレベリング式ショックアブソーバは走行しないと機能は発揮しないが、機能的にはハイドロニューマチックサスペンションのシステムを、一本のショックアブソーバの中に集約したものといえる。

8.5　アダプティブサスペンション

　ドライバの好みに応じて減衰力を調整するショックアブソーバは以前からあり、アフターマーケットでは良く使われている。しかし、これらは走行中の特性は常に同じであり、制御サスペンションの範疇には入らない。アダプティブ（Adaptive）とは適応するという意味で、サスペンション制御では、減衰力特性やばね特性等を走行状態に応じて自動的に切替えるシステムをアダプティブサスペンションと呼んでいる。制御工学でいうところの適応制御とは少し意味合いが異なっている。

　一般に、乗心地と操安性は背反関係にある。減衰力やばね定数を低く設定すれば乗心地は良くなるが、操安性は悪化する。逆に、高く設定すれば操安性は高まるが、乗心地が悪化してしまう。アダプティブサスペンションの基本的な考え方は、通常直進状態では減衰力やばね定数をソフトにして乗心地重視に設定しておいて、操舵時や加減速時には減衰力やばね定数をハード側に切替えて、操安性の確保や車体の姿勢変化を小さく抑えようとするものである。**図8-28**にアダプティブサスペンションシステムの構成例を、**表8-2**、**表8-3**に制御例を示す。この例ではエアサスペンショ

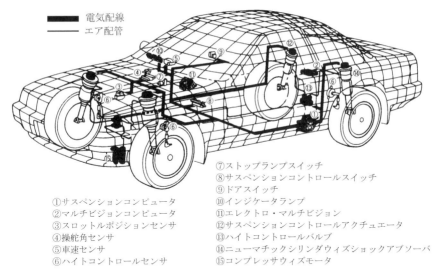

① 電気配線
━ エア配管

①サスペンションコンピュータ
②マルチビジョンコンピュータ
③スロットルポジションセンサ
④操舵角センサ
⑤車速センサ
⑥ハイトコントロールセンサ

⑦ストップランプスイッチ
⑧サスペンションコントロールスイッチ
⑨ドアスイッチ
⑩インジケータランプ
⑪エレクトロ・マルチビジョン
⑫サスペンションコントロールアクチュエータ
⑬ハイトコントロールバルブ
⑭ニューマチックシリンダウィズショックアブソーバ
⑮コンプレッサウィズモータ

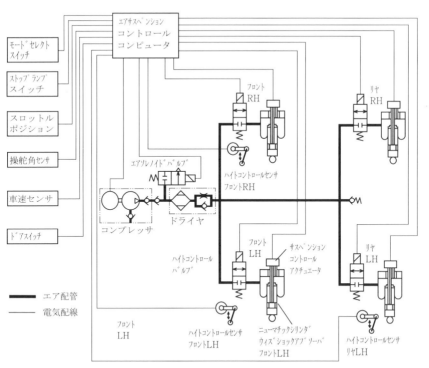

図8-28 アダプティブサスペンションの例[8)]

表8-2　減衰力・ばね定数の制御例 [8)]

機能	制御内容とねらい	モード NORMALモード	モード SPORTモード
アンチスクワット	アクセル踏み込み量とアクセル踏み込み速度を検出し加速度が大きくなると判断した場合、ばね定数・減衰力を高めに切替える。これにより発進時のスクワットを抑える。	低め（ソフト） ↓ 高め（ハード）	中間（スポーツ） ↓ 高め（ハード）
アンチロール	ステアリングホイールの操作状況により、高めのばね定数・減衰力に切替え、コーナ進入時のロールを抑える。	低め（ソフト） 中間（スポーツ） ↓ 高め（ハード）	中間（スポーツ） ↓ 高め（ハード）
アンチダイブ	車速が60km/h以上のブレーキング時、高めのばね定数・減衰力に切替え、ノーズダイブを抑える。	低め（ソフト） 中間（スポーツ） ↓ 高め（ハード）	中間（スポーツ） ↓ 高め（ハード）
高速感応	車速が110km/h以上の時中間ばね定数・減衰力に切替え、高速走行時の操縦性を高める。	低め（ソフト） ↓ 中間（スポーツ）	——
前後関連	車速が30〜80km/hの範囲内で、フロント左側ハイトコントロールセンサが路面の小突起を検出した場合、リヤのタイヤがその小突起を乗り越える前に低めのばね定数・減衰力に切替え、乗心地を向上させる。	——	中間（スポーツ） ↓ 低め（ソフト）
悪路感応 ピッチング感応 バウンシング感応	①車速が40〜100km/hの範囲内 フロント左側ハイトコントロールセンサが路面の大突起を検出した場合、中間のばね定数・減衰力に切替え、乗心地、悪路走破性を向上させる。	低め（ソフト） ↓ 中間（スポーツ）	——
	②車速が100km/h以上 フロント左側ハイトコントロールセンサが路面の大突起を検出した場合、高めのばね定数・減衰力に切替え、乗心地、悪路走破性を向上させる。	低め（ソフト） ↓ 高め（ハード）	中間（スポーツ） ↓ 高め（ハード）

表8-3　車高制御の例 [8)]

機能	制御内容とねらい	モード NORMALモード	モード HUGHモード
高速感応	車速が90km/h以上の時、設定モードに応じ一段階車高を低くし、空力特性、走行安定性を向上させる。	中間（ノーマル） ↓ 低め（ロー）	高め（ハイ） ↓ 中間（ノーマル）
連続悪路感応	車速が40km/h以上の時、設定モードにかかわらず高めの車高にし、ボトミングや突き上げ感を抑え、地上高の確保及び乗心地を向上させる。	中間（ノーマル） ↓ 高め（ハイ）	高め（ハイ）

ンを用い、減衰力制御のみでなく
ばね定数も切替え、車速や路面に
感応して車高も変化させている。
アダプティブ制御で良く行なわれ
る制御を以下に簡単に説明する。

(1) ロール制御

　ロール制御は、操舵時に減衰力
やばね定数を高い側に切替えて、
ロール速度やロール量を低減する
ために行なわれる。センサは車速
センサとステアリング（舵角）セ
ンサを用いるのが一般的である。
横Gは車速の2乗に比例して大き
くなるので、**図8-29**に示すように、
車速が大きいほど小さな舵角で減
衰力が高い側に切替わるように制
御される。制御の遅れを少なくす
るために、舵角速度（舵角の微分
値）を用いることも多い。

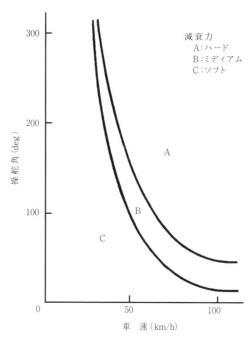

図8-29　ロール制御マップの例[9]

(2) ダイブ制御

　ダイブ制御は、制動時に減衰力やばね定数を高い側に切替えて、ノーズダイブ速
度とダイブ量を低減するために行なわれる。本来ブレーキ圧を検出して制御するの
が良いが、簡易的にある車速以上でストップランプスイッチがONになったときに
制御する方法も取られている。この制御を行なうことにより、制動距離も若干短縮
できるという報告もある。

(3) スクワット制御

　スクワット制御は加速時に減衰力やばね定数を高い側に切替えて、尻下がり速度
やその量を低減するために行なわれる。センサは通常エンジン制御用のスロットル
ポジションセンサーの信号が利用され、スロットルが開く速度が一定値以上になる
と切替わるように制御される。

(4) 車速感応制御

　車速感応制御は、高速走行時に減衰力を通常のソフト減衰力より高めに設定し、
車高を下げることにより重心高を低くして、操安性を向上させるために行なわれる。

エアサスペンションでは車高を下げることによりばね定数も同時に高くなる（4.1.6項参照）。

(5) 路面感応制御

　路面感応制御は、突起を乗越した後や、悪路を走行したりするときに、減衰力を高い側に切替えて車体振動の収束を早めたり、タイヤの接地力変動を低減するために行なわれる。また、車高調整機能付きのサスペンションでは、車高を高くして走破性を高める目的で行なわれている。センサは上下Gセンサや、エアサス車では車高センサ信号などが用いられ、これらの信号を処理して悪路判断を行なっている。

　このような制御を行なった結果、車がどのように良くなるのであろうか。図8-30～図8-33に制御効果例を示す。

　図8-30は乗心地の効果を示すもので、横軸は周波数、縦軸はリヤばね上加速度のパワースペクトル密度（PSD、3.2.1項参照）である。この図を見る上では、縦軸の値が小さいほど乗心地が良いと考えればよい。減衰力、ばね定数とも低く設定してあるので、通常のコイルサス車に比べて乗心地が大きく向上しているのが分かる。

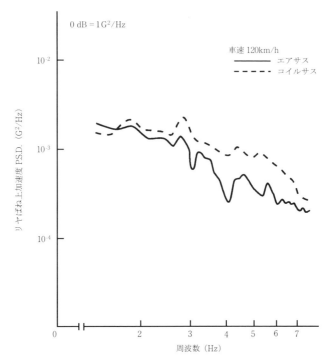

図8-30　低ばね・低減衰力の乗心地に対する効果[8]

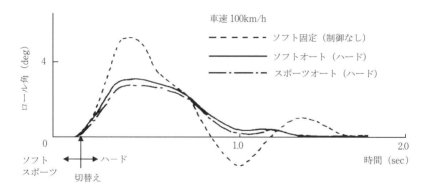

図8-31　ロール制御の効果 [8]

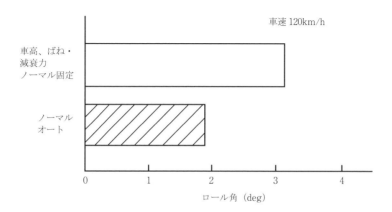

図8-32　高速時に低車高にすることによるロール角低減効果 [8]

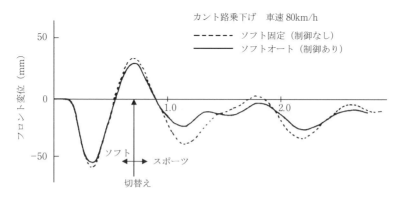

図8-33　路面感応制御の効果 [8]

図8-31は急操舵時のロール角変化を示したものである。制御なしのものに比べて制御をした方がロール角も小さく、収束も良くなっている。

図8-32は車速感応制御時にレーンチェンジをした時のロール量を示したものである。この場合はばね定数、減衰力制御のみの効果だけでなく、車高を低下させ、車体に加わるロールモーメント低減の効果も加わり、ロール角が大きく低減し、高速時に高い操安性が得られることを示している。

図8-33は路面感応の効果例を示したものであり、段差を乗り下げた後の車体振動を速やかに減衰しているのがよく分かる。このように、減衰力、ばね定数、車高を走行状態に応じて制御することにより、乗心地と操安性をより高い次元で成立させることが可能になる。

8.6 アクティブサスペンション

8.6.1 アクティブ振動制御

(1) アクティブ振動制御の概要

自動車に限らず、制振、防振には、ばね・ダンパ系の受動要素による方法が一般に用いられている。これとは異なり、外部からエネルギを供給し、積極的に制振する方法が振動のアクティブ（能動）制御であり、かなり昔から研究されていた。これを自動車の懸架系に適用したのがアクティブサスペンションである。

アクティブな振動制御を理解するため、**図8-34**に示すようなタイヤを剛体とした自動車の一輪分を表す1自由度振動モデルを考える。ここでK_sは懸架ばねのばね定数、C_pはショックアブソーバの減衰係数で、減衰力の大きさを表す指標である。M_sは車体の質量、X_sは車体の変位、X_rは路面の変位、F_dは旋回時などに車体に作用する慣性力である。F_cは油圧シリンダなどのアクティブ制御を行なう機器の制御力であり、K_b、K_fはこのF_cを決めるためのX_s、X_rの関数で、K_b、K_fを変えることにより種々の制御が行なえる。**表8-4**にK_b、K_fをいろいろ変化させ、X_r、F_dがステップ入力の場合の車体変位X_sの挙動を示す。

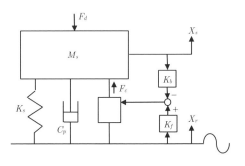

図8-34 能動要素を有する1自由度振動モデル[10]

表8-4 アクティブ制御則による振動特性比較[10)

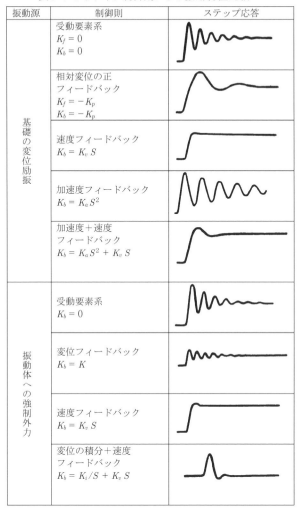

振動源	制御則	ステップ応答
基礎の変位励振	受動要素系 $K_f = 0$ $K_b = 0$	
	相対変位の正 フィードバック $K_f = -K_p$ $K_b = -K_p$	
	速度フィードバック $K_b = K_v S$	
	加速度フィードバック $K_b = K_a S^2$	
	加速度＋速度 フィードバック $K_b = K_a S^2 + K_v S$	
振動体への強制外力	受動要素系 $K_b = 0$	
	変位フィードバック $K_b = K$	
	速度フィードバック $K_b = K_v S$	
	変位の積分＋速度 フィードバック $K_b = K_i/S + K_v S$	

　制御則の中にSという記号が用いられているが、これはラプラス演算子と呼ばれるものである。専門的な話なので、ここでは分かりやすくするために、Sがないものは変位、Sのついたものは速度、S^2が付いたものは加速度を示していると考える。

　振動源の項が「基礎の変位励振」とあるのは、路面の変位がステップ状に変化した場合をさす。K_f、K_bをともに0とした受動（パッシブ）要素系では、シリンダの発生力は常に0となるので、通常のサスペンションの挙動となる。$K_f = -K_p$、$K_b = -K_p$としてサスペンションの相対変位に比例した力を発生させれば、見掛け上

ばねを軟らかくしたのと同じになる。$K_b = K_v S$として車体の速度に比例した力を発生させると、非常に減衰の効いた応答となる。また、$K_b = K_a S^2$として車体の加速度に比例した力を発生させれば、見掛け上車体の質量を大きくしたのと同様の効果が得られる。$K_b = K_a S^2 + K_v S$として車体の加速度と速度に比例した力を発生させると、見掛け上質量が増加し固有振動数が低下するとともに、優れた減衰効果が得られる。

　一方、車体にF_dなるステップ上の入力が加えられた振動体への強制外力（操舵時のロールや制動時のピッチに相当）の場合を考えると、$K_b = K$とすれば$K_b = 0$とした通常のサスペンションに比べ、ばね定数が高くなったことに相当し、変位は小さくなる。$K_b = K_v S$とした場合では、減衰が大きくなり、$K_b = K_i / S + K_v S$のように積分項を取り入れた場合には、車体変位は基準の位置を保つように制御される。

　アクティブ制御というのは、車がロールしないなどの姿勢制御のみがクローズアップされがちだが、本来は優れた制振効果を得る目的で生まれてきたものであり、ここに示した方法以外にもいろいろな制御手法がある。

(2) パッシブサスとの比較

　古くからいわれているアクティブ制振法として、スカイフックダンパを制御で実現しようとする考え方がある。**図8-35**のように、パッシブサスペンションは車体と路面との間（タイヤを剛体として）にダンパ（ショックアブソーバ）があった。これに対してスカイフックダンパは、空（スカイ）にフックでダンパを固定して、車体と路面との間の振動伝達を減らそうという考えである。当然そんなことは不可能であるので、それを制御によって実現しようというのである。パッシブでは車体と

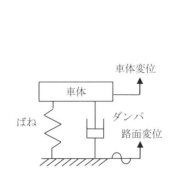
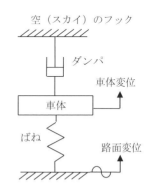

(a)　パッシブサスペンションモデル　　(b)　スカイフックダンパモデル

図8-35　パッシブサスペンションモデルとスカイフックダンパ

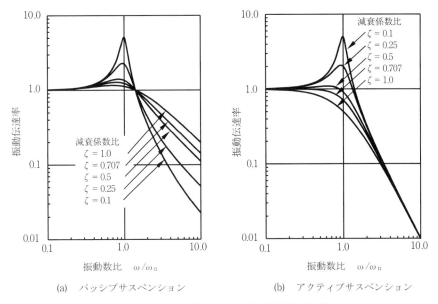

(a) パッシブサスペンション   (b) アクティブサスペンション

図8-36 パッシブとアクティブの振動特性比較

路面の相対速度に比例した減衰力を発生させるのに対し、スカイフックダンパは車体の速度のみに比例した減衰力を発生させる。すなわち、前述の**表8-4**に示した速度フィードバック制御を行なえば実現できることになる。**図8-36**に両者の振動伝達特性比較を示す。横軸は周波数比で入力周波数ωを固有振動数ω_nで割った値である。縦軸は振動伝達率で、車体の振幅を路面の入力振幅で割った値で、この値が小さいほど振動が伝わらないことを意味している。

　パッシブでは、減衰力を高くする（ζを大きくする）と共振点での伝達率は小さくなるが、1以下になることはない。また、振動数比が$\sqrt{2}$以上では逆に悪化してしまう。ところが、アクティブ（スカイフック）では減衰力を高くすれば共振点での伝達率は1以下になり、しかも振動数比が大きい領域でも伝達率が悪化することはない。すなわち、どんな入力周波数に対しても優れた制振効果を発揮でき、良い乗心地を得ることができるのである。

(3) 車両に適用する場合の問題点

　今までの話は1自由度系、すなわちタイヤを剛体と考えた場合であったが、実際の車ではタイヤは大きくたわみ、車輪の質量も無視できない。そこでタイヤをばねとして考え、車輪の質量も含めたモデルである2自由度系を取り上げ、これに先のスカイフックダンパを適用した場合を考えてみる。

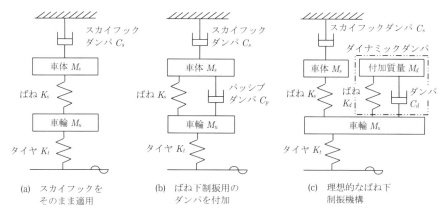

図8-37　スカイフックダンパの車両への適用方法

図8-37(a)はそのまま適用した場合である。車体M_sに対しては十分な制振力が得られるが、車輪M_uに対しては制振力が作用せず（実際にはK_sによるばね力の位相ずれで少しは制振力が発生する）、特に、ばね下共振点である10数Hz付近で極端に接地力変動が大きくなり、接地性が著しく悪化してしまう。車輪に制振を与えるために、車体と車輪の間にダンパC_pを設けたのが(b)である。C_pには通常のダンパ機能を持たせたり、制御により相対速度やばね下速度に比例した制振力を発生させても良いが、いずれの方式を採用しても車輪の制振力の反力を車体で受けるので、スカイフックの効果は低減してしまう。

　最も理想的なのは、車輪を制振する反力を車体で受けない(c)の方法である。これは車輪にばねK_d、ダンパC_dにより懸架された質量M_dを付加し、この付加質量の慣性力により車輪の制振反力を受けさせるようにしたものである。これはダイナミックダンパと呼ばれ、一般の機械などでは広く用いられている方法であるが、自動車のサスペンションではスペースが無く、実用化はなかなか困難である。実際は②に示した方法で、電気的、或いは機械的にダンパC_pに周波数特性を持たせ、ばね下共振点付近のみ制振力を発生させて、ばね下制振による乗心地への悪影響を極力小さく抑えた形で実用化されている。

8.6.2　アクティブ姿勢制御

　アクティブサスペンションではアクティブ振動制御のほかに、もう一つの大きな特徴としてアクティブ姿勢制御がある。車をロールさせないのが良いのか、ある程

度させた方がよいのかいろいろ議論はあるが、姿勢を制御することでタイヤの対地キャンバを常に最適に保つことができるのは、車両の運動性能を向上させる上で大きなメリットである。

　姿勢を制御する方法は大きく分けて二つある。一つの方法は車高センサ信号をフィードバックして常に一定姿勢を保つ方法である。種々の機械で位置制御に用いられている方法であるが、サスペンションに適用するには都合が悪い。サスペンションでは車体の水平を保つと同時に、乗心地を良くするために路面からの入力をストロークしながら吸収しなければならない。車高だけを見ていてはこれらの両立は図れない。

　もう一つの方法は、車体に作用する慣性力を検出して、姿勢を変化させようとする力と逆向きの力を発生させ、相殺させて姿勢変化を防止しようとする方法である。上述の位置制御に対して力制御と呼ばれ、相殺する力を発生させるだけで実際の姿勢を見ていないので、フィードバック制御に対してフィードフォワード制御と呼ばれる。この方法であれば、サスペンションが伸縮しても常に相殺する力さえ発生していれば、乗心地と姿勢の両立が図れることになる。

　図8-38はロール制御の例を示したものである。車両が旋回しているときには重

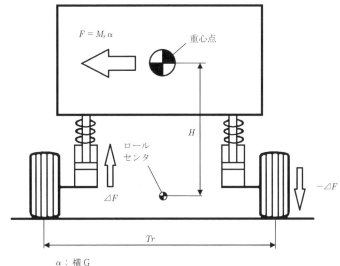

α：横G
F：慣性力（遠心力）
$\varDelta F$：アクチュエータ発生力
Tr：トレッド

図8-38　アクティブロール制御説明図 [13]

心点に遠心力$M_s \cdot \alpha$が作用し、ロールセンタ回りに車体をロールさせようとするモーメント$M_s \cdot \alpha \cdot H$が作用する。このとき、外輪側に上向きの力$\triangle F$(車輪位置に換算して)、内輪側には下向きに$\triangle F$を作用させると、ロールさせようとするモーメントと逆向きのモーメント$\triangle F \cdot T_r$が生じる。これらのモーメントが等しくなるように

$$\triangle F = \frac{M_s \cdot \alpha \cdot H}{T_r} \qquad\qquad \cdots\cdots (8\text{-}2)$$

の力を発生させれば、モーメントは相殺されロールは生じないことになる。ここでM_sは車体の質量、Hはロールアームでサスペンションのジオメトリと重心高で決る寸法、T_rはトレッドで既知の値であるので、走行中の横加速度αを検出して、それに比例した力を発生させればロールを防止することができる。加減速時のノーズダイブやスクワットも同じ原理で、前後方向の加速度を検出することで防ぐことができる。

　この方法は、乗心地と姿勢を両立させることはできるが、完璧な方法という訳ではない。実際の使用状態では、荷物を積めば車体の質量M_sは変化するし、荷物の大きさによっては重心高も変わる。これらの影響が大きく無視できない場合は、質量を何らかの方法(例えばアクチュエータの圧力)で推定して補正したり、車高センサ信号で弱いフィードバックを付加する方法などが取られる。

　ところで、自動車は4輪であり、**図8-38**で説明した発生力$\triangle F$は前輪と後輪の発生力の和を示している。5.4節で説明したように、前輪と後輪の発生する力の比率を変えても、両者の和が一定であればロールは発生しない。しかし、タイヤの接地力の変化は前輪と後輪で異なることになり、コーナリングスティフネスに影響を与えるのでステア特性は変化する。この性質を利用し、姿勢制御だけでなく、高G領域でのステア特性制御を行なうこともできる。

8.6.3　アクティブサスペンションの実例

(1) フルアクティブサスペンション

　フルアクティブサスペンションは車体と車輪との間に油圧アクチュエータ(シリンダ)を設け、前述の制御を高周波まで行なうもので、制御の立場から見れば理想的なシステムである。この方式の欠点は高周波まで制御するので、消費馬力が非常に大きくなることである。また、高応答・高精度の油圧サーボバルブが必要になるので、コストも高くなる。**図8-39**、**図8-40**にロータス社が開発したアクティブサ

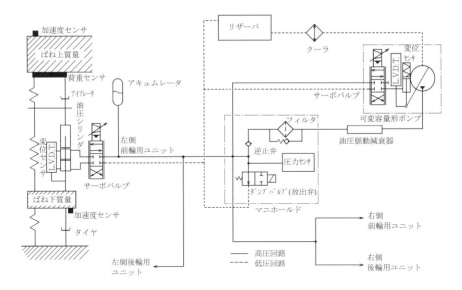

図8-39 ロータスMk.3のアクティブサスペンション油圧系統図[11]

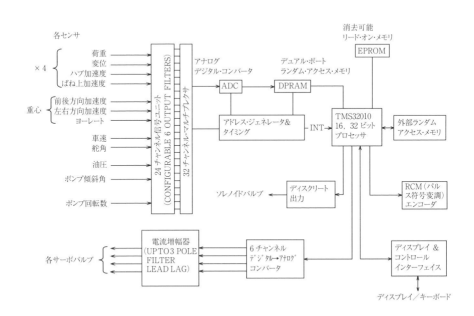

図8-40 ロータスMk.3のアクティブサスペンションのコントロールシステム図[11]

スペンションの油圧系統図とコントロールシステム図を示す。油圧システムは、各輪の油圧シリンダとサーボバルブ、およびポンプ、アキュムレータ、リザーバなどから構成されている。車両状態を検出するセンサは、各輪にアクチュエータ発生力を検出する荷重センサ、変位センサ、ばね下加速度センサ（ハブ加速度）、ばね上加速度センサが設けられており、重心位置には前後方向と左右方向の加速度を検出する加速度センサとヨーレイトセンサが設けられている。このほかにも車速センサ、舵角センサ、油圧センサ、ポンプ斜板角度センサ、ポンプ回転数センサが装着されている。

　ロータス社ではアクティブサスペンションの利点として以下の点を挙げている。

①サスペンションのパラメータを自由に変更できるので、サスペンションの研究・開発に活用できる。

②車体の地上高と姿勢を常に一定に保持できるので、車輪およびサスペンションのアライメントを最良の状態に保持できる。

③ソフトウエアの変更だけで、一つのシステムを幅広い車種に適用でき、積載量の変化にも対応しやすい。

④悪路での接地性が向上し、駆動力に無駄がなくなる。

⑤サスペンションの構成要素であるばね、ダンパ、アンチロールバーを一つのアクチュエータで置き換えられるので、部品効率が良く、軽量化できる可能性がある。

　公表されているロータス社のシステムは高価な機器やセンサを数多く用いており、実験車的な色彩が濃く実用化には至っていない。

(2) 空圧式アクティブサスペンション

　アクティブサスペンションは油圧で制御することが多いが、空気圧でも行なわれた例がある。**図8-41**、**図8-42**に空圧式アクティブサスペンションの部品レイアウトと空圧回路の例を示す。

　サスペンション部分はコイルスプリングを併用し、空気ばねと減衰力可変ショックアブソーバを一体にしたユニットにより構成されている。空圧回路は閉回路になっており、空気ばねから排出した空気を大気に放出せず、わずかに加圧された低圧タンクに戻す方法が取られている。空気には流速が音速に達すると、流量は下流圧に関係なく一定になる性質がある。これは空気を大気に放出しても、低圧に保たれたタンクに放出しても流量は一緒であるということであり、次に高圧まで空気を圧縮することを考えれば、低圧タンクに戻した方がより少ない仕事量で加圧できるので有利である。これが通常のエアサスペンションシステムと異なり、閉回路にし

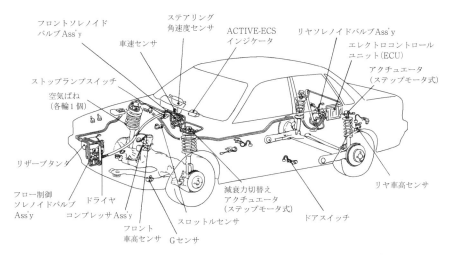

図8-41 空圧式アクティブサスの部品構成レイアウト例（三菱自動車）

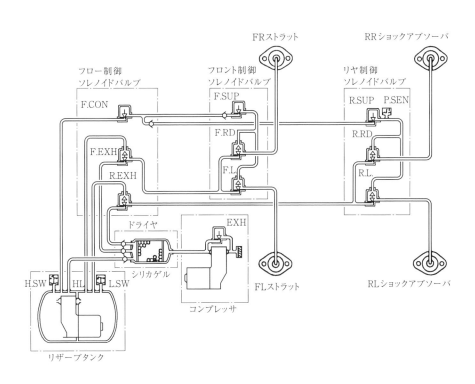

図8-42 空圧式アクティブサスの空圧回路（三菱自動車）

表8-5 空圧式アクティブサスの制御機能例（三菱自動車）

制　御　機　能			制　御　概　要
制御モードの選択			・制御モード切替えスイッチにより、SOFT、AUTO、MEDIUM-AUTO、SPORTの4つのモードを選択 ・車高切替え（HIGH）スイッチにより、AUTO、HIGH、特別HIGHの3つのモードを選択
減衰力＆アクティブ姿勢制御	1	アンチロール制御 ［旋回時のロールを小さくする］	ステアリング角速度、横加速度、車速によるマップ制御（コンピュータのデータによる制御）旋回外輪側空気ばねに給気、内輪側は排気
	2	アンチダイブ制御 ［ブレーキ時ノーズダイブを小さくする］	フットブレーキスイッチONかつ車体前後0.2G以上で制御（減衰力特性HARD） 開始時：フロント給気、リヤ排気 復帰時：フロント排気、リヤ給気
	3	アンチスクワット制御 ［発進時のスクワットを小さくする］	スロットル開閉速度、車速で制御 開始時：フロント排気、リヤ給気 復帰時：フロント給気、リヤ排気
	4	ピッチング・バウンシング制御 ［路面入力による車体揺れを小さくする］	車高センサにてストロークと周期を検出して制御 サスペンションストローク伸び側：給気 サスペンションストローク圧縮側：排気
	5	A/Tシフト　スクワット制御	パーキングブレーキ、フットブレーキ、変速信号（インヒビタスイッチ）、車速で制御 A/Tシフトレバー操作により減衰力特性をHARDにする
	6	車速による減衰力切替え制御	高速走行を車速センサで検出し制御 AUTOモード時は、AUTOスイッチにより切替え 車速のメモリが可能
車高調整	1	通常車高調整	AUTO、HIGH、特別HIGHの3つの制御モード
	2	急速車高調整 ［急速に（約2秒）車高をあげる］	悪路検知（車高センサ）または、HIGHスイッチにて流量切替えバルブをON
コンプレッサ＆リターンポンプの駆動			ハイ、ローのプレッシャスイッチにより制御
フェイルセーフ＆ダイアグノーシス			故障を検出するとアラームランプを点灯するとともにフェイルセーフ動作をし、ダイアグノーシスコードを出力
サービスデータ表示＆アクチュエータテスト			マルチユーステスタの指令に基づき制御

ている理由である。

　表8-5はこのシステムの制御機能と制御概要をまとめたものである。この中でアクティブ制御といえるのは、アンチロール制御、アンチダイブ制御、アンチスクワット制御、ピッチング・バウンシング制御である。旋回時には**表8-6**に示す制御マップに従い、外輪側の空気ばねは給気、内輪側は排気を行なう。制御はハンドル角速度や車速、横加速度の大きさに応じて給排気量を制御する方式で、フィードフォワード制御である。直進状態に戻ったときには左右の空気ばねを連通させ、高圧側のばねから低圧側のばねへ流れる流量を制御して、徐々に左右の空気ばね内圧を同圧に

表8-6 空圧式アクティブサスのアンチロール制御マップ例（三菱自動車）

		SOFTモード	AUTOモード	SPORTモード	記　号
アクティブ姿勢制御	ハンドル角度制御	ハンドル角速度↑ 車速→			カウンターロール量　制御最大 ↑
	横G制御	横G↑ 車速→			
減衰力特性	ハンドル角度制御・横G制御	●通常 ●急操舵時	ハンドル角速度↑ 横G→	●常時	減衰力特性　伸び側 減衰力 ピストン速度 ④③②①／①②③④ 縮み側 減衰力大 ↑ ④③②①

する方法を取っている。

　アンチダイブ制御、アンチスクワット制御でもアンチロール制御と同様に、前後輪の空気ばねに空気を給排し、姿勢変化を小さく抑えている。

　ピッチング・バウンシング制御は、車高センサによりサスペンションのストロークと周波数を検知し、**図8-43**に示すように圧縮側では排気、伸び側では給気することによりフラットな乗心地を得るもので、前述のスカイフックダンパに近い効果を得ることができる。

　図8-44は以上の制御効果を示したものである。ロール角、ダイブ角、スクワット角が大きく低減し、バウンシング制御を行なうことにより、うねり路の走破速度も大きく向上している。

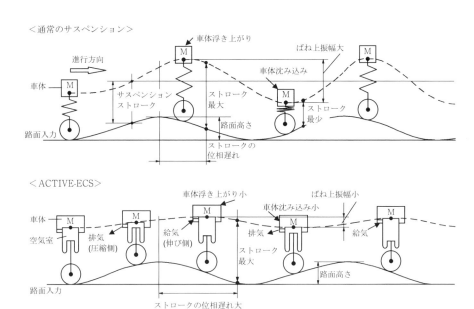

図8-43 空圧式アクティブサスのピッチング・バウンシング制御法（三菱自動車） [12]

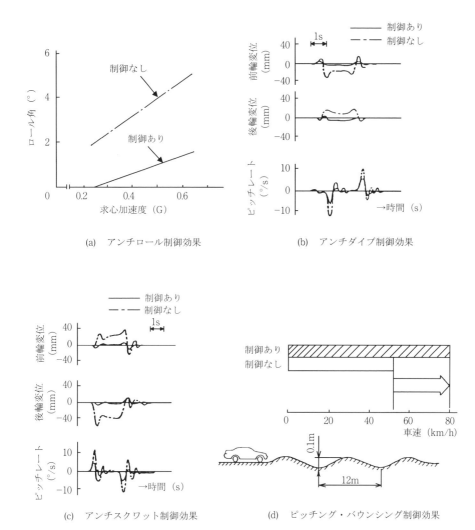

(a) アンチロール制御効果

(b) アンチダイブ制御効果

(c) アンチスクワット制御効果

(d) ピッチング・バウンシング制御効果

図8-44 制御効果例（三菱自動車）[12]

(3) 油空圧式アクティブサスペンション

　フルアクティブサスペンションはエネルギ消費や価格の面で市販車に搭載するの
は難しい。現実的なシステムとして、ハイドロニューマチックサスペンションをベー
スとしたアクティブサスペンションが実用化された。油圧を用いて各輪シリンダの
発生力を制御する点において、基本的にはフルアクティブと変わらないが、シリン
ダにガスばねと減衰力バルブを装着し、周波数の高い路面入力についてはこのガス
ばねで吸収し、車輪（ばね下）の振動は減衰力バルブで制振しようというものである。
アクティブ制御は車体（ばね上）の動きだけを対象とするので、制御周波数領域も
数 Hz 程度までで良い。これによりエネルギ消費も少なくて済み、高価なサーボバ
ルブを用いず、ソレノイドを用いた圧力制御弁でも制御が可能となる。この方式に
用いられている油圧シリンダと圧力制御弁の例を**図8-45**に示す。

　圧力制御弁はアクチュエータ（シリンダ）の内圧をソレノイドに加えられた電流
に比例した圧力に制御し、アクチュエータはピストンロッドの断面積を受圧面積と
して推力を発生する。制御をしていない状態では圧力は中立圧力状態になっており、
このときの推力とばね力とで車体の重量を支えている。したがって、アクチュエー
タ内圧を中立圧力より高い圧力に制御すれば車体を上に持ち上げる力を発生し、中
立圧より低い圧力に制御すれば車体を引き下げるのと同等の力が発生する。コイル
ばねはなくても良いが、その場合にはばねに相等する復元力を車高センサ信号によ
り、制御で発生させる必要がある。

　制御に関しては、実際には色々な補正を行なってはいるが、前述の振動制御と姿
勢制御が基本となっている。**図8-46**は振動制御としてスカイフックダンパ制御を
行なったときの、アクチュエータの制御力の状態を示しており、路面からの入力を
キャンセルするようにアクチュエータの力が作用して、車体の振動が小さくなるこ
とが示されている。

　この方式のアクティブサスペンションは1989年にトヨタ自動車と日産自動車で
実用化された。**図8-47**～**図8-51**に両社のシステムの例を参考に示す。

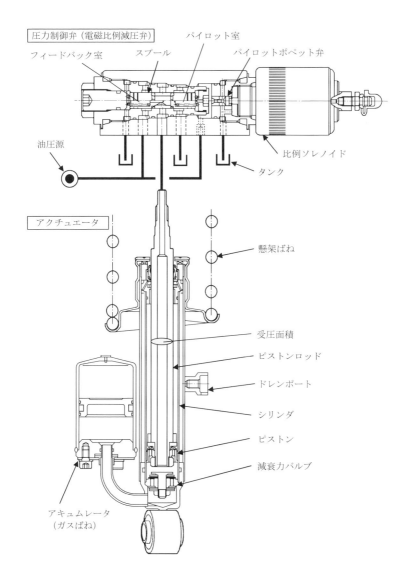

図8-45　油空圧式アクティブサス用アクチュエータと制御弁

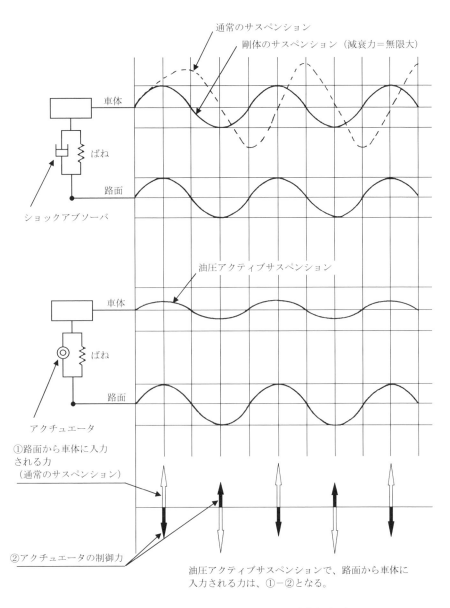

通常のサスペンション

剛体のサスペンション（減衰力＝無限大）

車体

ばね

路面

ショックアブソーバ

油圧アクティブサスペンション

車体

ばね

路面

アクチュエータ

①路面から車体に入力
される力
（通常のサスペンション）

②アクチュエータの制御力

油圧アクティブサスペンションで、路面から車体に
入力される力は、①－②となる。

図8-46　バウンス制御における路面入力と車体振動[13)]

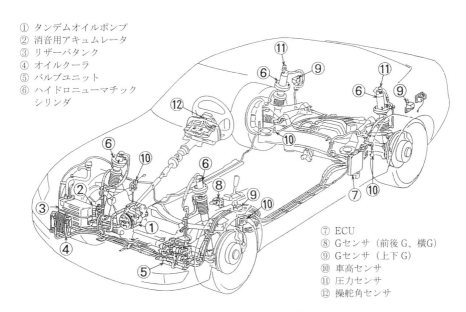

① タンデムオイルポンプ
② 消音用アキュムレータ
③ リザーバタンク
④ オイルクーラ
⑤ バルブユニット
⑥ ハイドロニューマチック
　シリンダ

⑦ ECU
⑧ Gセンサ（前後G、横G）
⑨ Gセンサ（上下G）
⑩ 車高センサ
⑪ 圧力センサ
⑫ 操舵角センサ

図8-47　トヨタ自動車のアクティブサス[21]

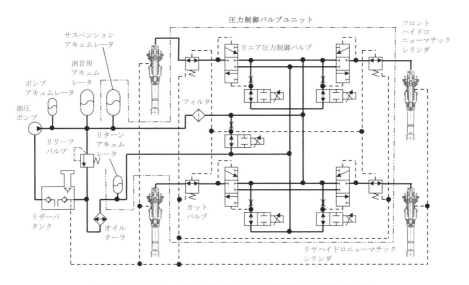

図8-48　アクティブサス油圧システム図例（トヨタ自動車）[14]

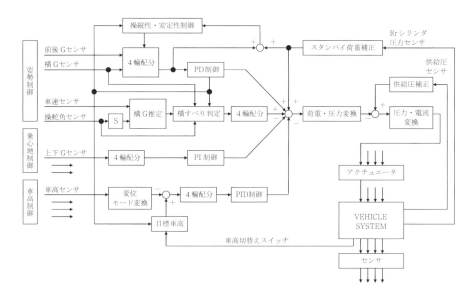

図8-49 アクティブサス制御ブロック図例（トヨタ自動車）[14]

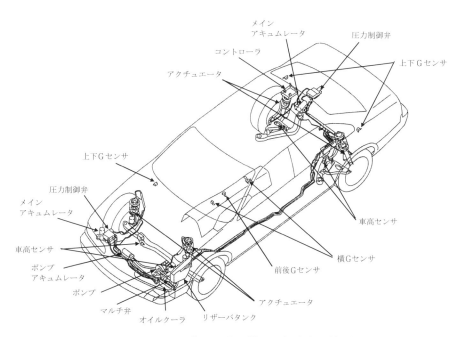

図8-50 アクティブサスの機器搭載図（日産自動車）[15]

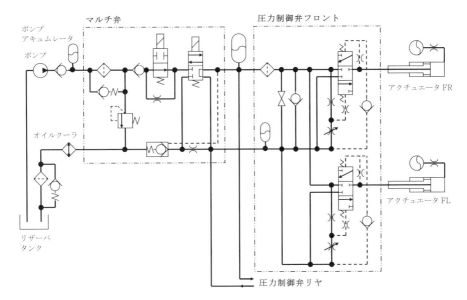

図8-51　アクティブサス油圧システム図の例（日産自動車）[15]

(4) ジャッキ式アクティブサスペンション

　フルアクティブサスも油空圧式アクティブサスも、油圧でアクチュエータの発生力を直接車体に作用させ制御する方式である。ジャッキ式は、懸架ばねと車体との間に油圧シリンダを装着し、シリンダを伸縮することで車体の動きを制御する方式である。

　旋回中、外輪側のばねは縮み、内輪側のばねは伸びる。このときに外輪側のばねが縮んだ分だけシリンダを伸ばし、内輪側のばねが伸びた分だけシリンダを縮めれば車体はロールせずに水平を保つ。制駆動時のノーズダイブやスクワットも同様に、ばねが縮む車輪はシリンダを伸ばし、ばねが伸びる車輪はシリンダを縮めることで常に車体を水平に維持できる。

　車輪とシリンダの間にはばねが介在しているので、路面からの入力に対しては、ばねとショックアブソーバが機能するので、通常のサスペンションと変わらない。この方式は高い周波数まで追従することはできないが、うねり路など低周波の路面入力に対してはシリンダを伸縮させ、車体の振動を低減させることもできる。ジャッキ式アクティブサスペンションは1999年にベンツの上級車にActive Body Control（ABC）のシステム名称で実用化されている。**図8-52**、**図8-53**にシステム搭載図とアクチュエータの構造図を示す。

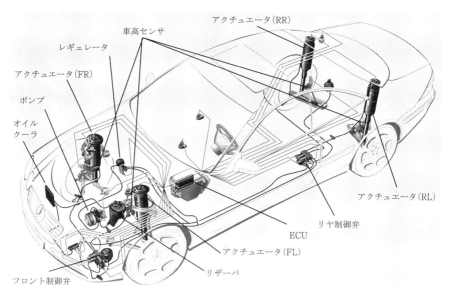

図8-52 Active Body Control（ABC）システム図（BENZ）[16]

図8-53 Active Body Control のアクチュエータ[16]

(5) アクティブスタビライザ

　(1)～(4)で説明したアクティブサスペンションは全て各輪にアクチュエータを装着するものであった。ここに説明するアクティブスタビライザは、システムを簡素化し、ロール制御に機能を特化したものである。アクチュエータはスタビライザの中間に油圧の揺動モータを装着し、制御信号に応じてスタビライザのねじりトルクをアクティブに発生するもので、このトルクにより旋回時に発生するロールモーメントをキャンセルして、ロールを防止するシステムである。**図8-54**、**図8-55**にシステムの構成例とアクチュエータの構造図を示す。揺動モータ以外にも、スタビライザの一端に油圧シリンダを装着した方式もある。このシステムは操舵時にしかエネルギを消費しないので、前述のアクティブサスに比べて省エネアクティブといえる。

　制御は基本的には8.6.2項で説明したロール制御と同じで、横加速度を検出してそれに比例したトルクを発生させるものである。前後のトルク配分を変えることで、ロールを防止しつつステア特性も制御できる。路面入力によりスタビライザが回転しても、油圧でアクチュエータ内の圧力を制御することによりトルクを一定に制御

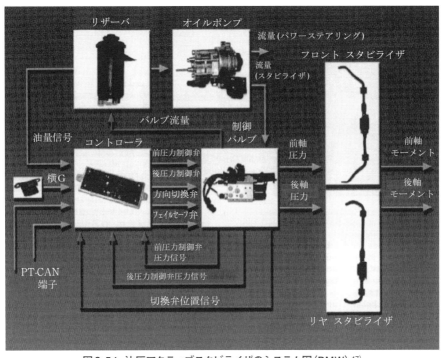

図8-54　油圧アクティブスタビライザのシステム図（BMW）[17]

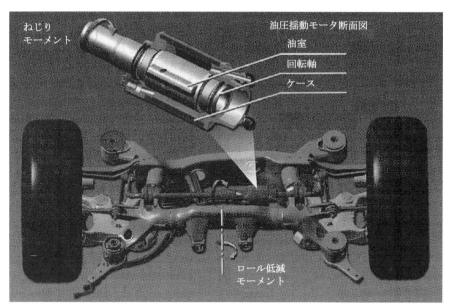

図8-55　油圧アクティブスタビライザのアクチュエータ（BMW） [17)

でき、車体への伝達力も低減することができる。

　この方式では車体の振動を制御することはできない。振動制御のためには、次節で説明するセミアクティブサスペンションと併用されるのが一般的である。この方式は2000年頃に欧州で採用され、その後、高級車には徐々に採用が広まっている。

　また、油圧式ではなく、アクチュエータとしてモータと減速機を用いた電動式のものも実用化されている。電動式はわずらわしい油圧配管が不要であり、直進走行時はまったくエネルギを消費しないので、さらに省エネとなる。

8.7　セミアクティブサスペンション

　アクティブサスペンションはエネルギ消費が大きく、価格も高いので一部の高級車にしか採用されなかった。しかし、アクティブサスによる振動制御は非常に効果のあるものであり、エネルギ消費も少なく、安価でこの性能を実現したいと考えられたのがセミアクティブサスペンションである。

　セミアクティブサスペンションは、ハードウエアとしてはアダプティブサスペンションと同様に減衰力可変ショックアブソーバを用いる。アダプティブサスでは直進走行では減衰力は通常ソフトに固定されているが、セミアクティブサスでは路面

入力により時々刻々と減衰力を変化させる。アクティブサスの振動制御の部分を減衰力制御に置き換えようとするものである。スカイフックダンパの制御を例にとって説明する。

スカイフックダンパの減衰係数を C_s、車体の上下振動速度を V_b とすると、スカイフックダンパの発生する減衰力 F_s は

$$F_s = C_s \cdot V_b \qquad \qquad \cdots\cdots (8\text{-}3)$$

一方、減衰力可変ショックアブソーバの減衰係数を C_v、ショックアブソーバのピストン速度（伸縮速度）を V_p とすると、ショックアブソーバの減衰力 F_d は

$$F_d = C_v \cdot V_p \qquad \qquad \cdots\cdots (8\text{-}4)$$

両者の力を等しくするには

$$C_v = C_s \frac{V_b}{V_p} \qquad \qquad \cdots\cdots (8\text{-}5)$$

となるようにショックアブソーバの減衰係数 C_v を制御してやればよい。すなわち、車体の上下振動速度とショックアブソーバのピストン速度を検出して、(8-5)式で計算される減衰係数の値に制御すれば、減衰力可変ショックアブソーバによりアクティブサスで行なっていた振動制御を実現できることになる。

しかし、ショックアブソーバの減衰力は伸縮するときの抵抗力であるので、負の力を発生することはできない。負の減衰力を必要とする場合には、最も小さな減衰力になるように制御する。**図8-56**にこの概念を示す。この図の横軸はショックアブソーバのピストン速度、縦軸は車体の上下方向の振動速度を示している。第1、3象限にあるときには減衰力が車体の動きを止める方向に作用するので、減衰力は制振作用を行なっている。この場合には減衰係数を(8-5)式に基づいて制御する。第2、4象限にあるときは減衰力が車体の動きを加速する方向に作用し、負の減衰力が必要とされるので、この場合には影響を小さくするために、減衰係数を最も小さな値に選択する。このように制御することで減衰力制御でも近似的にスカイフックダンパを実現することができる。これ以外にもロール制御やノーズダイブ、スクワットの制御が行なわれているが、これらはアダプティブ制御の場合と同じように制御される。

ところで、ショックアブソーバの伸縮速度は車体が揺れる場合は1Hz程度の比較的ゆっくりとした動きであるが、路面入力による伸縮は悪路などでは瞬間的に生じる。したがってこの制御には非常に高応答な減衰力切替え用のアクチュエータが必要となるが、現実問題として車載可能なそのようなアクチュエータはない。この問題を解決するためにセミアクティブ制御に適したショックアブソーバが考え出さ

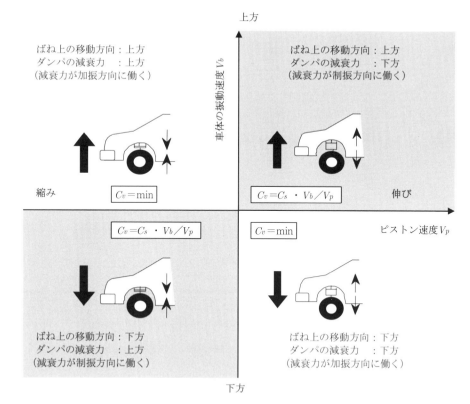

上方

ばね上の移動方向：上方
ダンパの減衰力　：上方
（減衰力が加振方向に働く）

ばね上の移動方向：上方
ダンパの減衰力　：下方
（減衰力が制振方向に働く）

車体の振動速度 V_b

縮み　　　　　$Cv=\min$

$Cv=Cs\cdot V_b/V_p$　　　　　　伸び

$Cv=Cs\cdot V_b/V_p$

$Cv=\min$

ピストン速度 V_p

ばね上の移動方向：下方
ダンパの減衰力　：上方
（減衰力が制振方向に働く）

ばね上の移動方向：下方
ダンパの減衰力　：下方
（減衰力が加振方向に働く）

下方

図8-56　セミアクティブサスペンションの概念

れた。

　ショックアブソーバの伸び側減衰力と縮み側減衰力を発生させるバルブは独立に設けられている。したがって、ショックアブソーバの減衰力切替え機構を工夫することにより、伸び側ハードで縮み側ソフト、伸び縮みともにソフト、伸び側ソフトで縮み側ハードの組合せとすることが可能である。このようなショックアブソーバができれば、**図8-57**に示すように、ショックアブソーバのピストン速度の方向が変化しても減衰力は自動的にハード／ソフトが切替わり、電子制御では車体の上下の振動方向によって、減衰力のハード／ソフトの組み合わせモードをアクチュエータで切替えれば、セミアクティブ制御が容易に実現できる。理解を容易にするために３つのモードで説明したが、実際にはハードとソフトの間を多段階に選択できるようになっている。**図8-58**にこのショックアブソーバの減衰力調整機構部を、**図8-59**にシステム構成例を示す。最近では、伸び側および縮み側の減衰力を２つのア

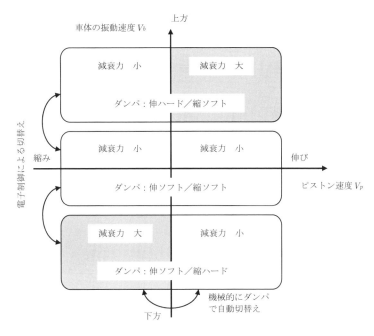

図8-57 セミアクティブサスの電子／機械式切替え

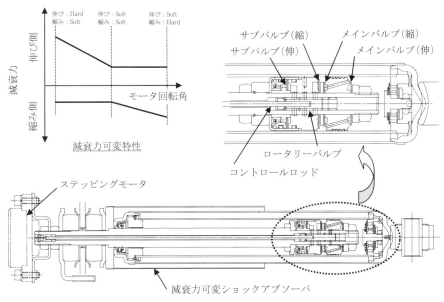

図8-58 セミアクティブ用減衰力可変ショックアブソーバ

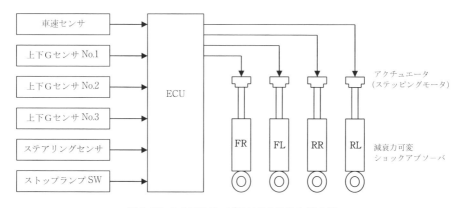

図8-59　セミアクティブサスのシステム構成例

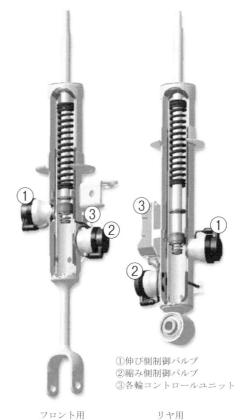

①伸び側制御バルブ
②縮み側制御バルブ
③各輪コントロールユニット

フロント用　　　　　　リヤ用

図8-60　伸び・縮み減衰力単独減衰力可変ショックアブソーバの例（BMW）[18]

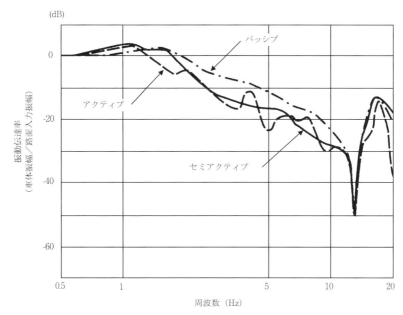

図8-61 セミアクティブサスの効果例

クチュエータ（ソレノイド）を用いて、完全に独立制御できるようにしたものもある。
（図8-60）

　図8-61は同一車両を用いて、パッシブサス、アクティブサスと振動伝達比較を
行なった結果である。アクティブサスとほぼ同等の効果が得られている。

8.8　統合制御

　サスペンションに限らず、ステアリング、エンジン、駆動系、制動系などにおい
ても、電子制御が行なわれている。これらのシステムはそれぞれ個別に最適化が図
られてきたが、単にこれらのシステムを足し合わせても必ずしも車両が最適になる
とは限らない。車両の特性を最適にするには個々のシステムをどのように制御した
ら良いかということが、統合制御の考えが生まれてきた背景である。

　統合制御の目的は以下に示すように大きく分けて三つある。

　　①各種制御間の相互干渉を防止し、相乗効果を引き出す

　　②複数の制御を組み合わせることにより、新しい性能、機能を実現する

　　③情報やハードウエアを共有化し、コストパフォーマンスを向上させる

表8-7　各種制御システムと車両運動自由度との相関 [19]

	上下	左右	前後	ロール	ヨー	ピッチ
電制サスペンション	◎			◎	○	◎
4WS・PS		◎			○	
エンジン・AT制御			◎			○
ABS・TCS			◎		○	○
電制トルク配分4WD			◎		○	
電制LSD					◎	

◎：相関が強い　○：相関がある
PS：パワーステアリング、ABS：アンチロックブレーキシステム
TCS：トラクションコントロールシステム、電制：電子制御

　車両運動の自由度は上下、左右、前後、ロール、ヨー、ピッチの六つある。各種の制御システムは、これらの自由度をそれぞれ制御している。表8-7を見ると、いくつかの制御が同じ自由度に大きな影響を与えており、制御の干渉の恐れがある。この干渉を取り除くことにより、図8-62に示すように結果として相乗効果を引き出すことが可能になる。

　新しい性能の実現という点では、例えば旋回中のブレーキングでもスピンさせないように車両を制御することなどが考えられる。

　また、コストパフォーマンスの向上という点では、ECU群諸機能の集約化やセンサ信号の共通利用、油圧パワー源の統合など、コスト低減の可能性がある。これらの一部は既に実用化されているものもある。

　図8-63に統合アクティブ制御のECU構成例を示す。この例ではアクティブサスペンション、アクティブ4WS、ABS、TRCが統合制御の構成を取り、いくつかの信号のやり取りにより、必要に応じて協調的な制御が行なわれている。図8-64はアクティブサスペンションとアクティブ4WSの協調により緊急回避性能の効果を示したものである。統合制御により、より速い速度でも安定して緊急回避ができ、高い安全性が達成される。図8-65は低摩擦路でトラクションコントロール・アクティブ4WS・アクティブサスペンションを統合制御したときの安定性の効果を示したもので、図の横軸はステアリング操作角、縦軸はヨーレートを示している。統合制御をすることにより、トラクションコントロール単独の場合よりも、より安定性が高くなっていることが分かる。統合制御は1990年頃に多く研究がされたが、その後、経済環境や社会環境の変化により日本ではアクティブサスペンションや4WSはほとんどなくなり、あまり統合制御という言葉は聞かれなくなった。しかし、2000年代に入り、アクティブセーフティの観点からまたいろいろ研究が進んでおり、サスペンション以外の分野では多く実用化されている。

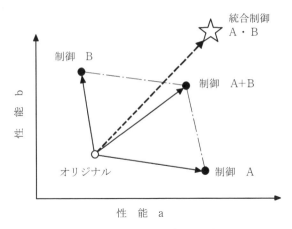

図8-62 統合制御による相乗効果の概念[20]

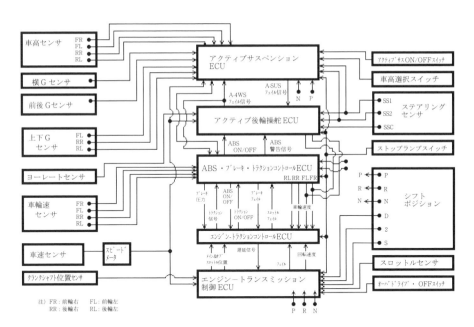

注) FR：前輪右　FL：前輪左
　　RR：後輪右　RL：後輪左

図8-63 統合制御ECUの構成例[21]

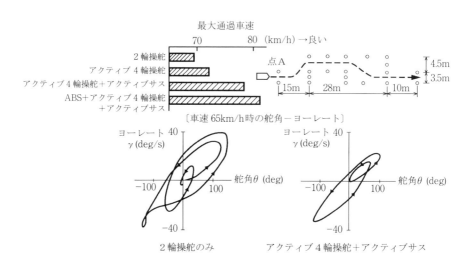

図8-64 緊急回避時における効果例[21]

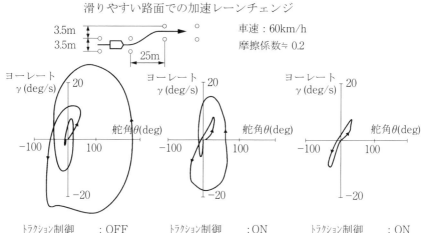

図8-65 低μ路レーンチェンジでの効果例[21]

8.9 サスペンションの将来

　自動車が道路の上を走り続ける間は、ガソリンエンジンから電気自動車に変わろうとも、サスペンションはなくならない。また、人間の欲求に限りはなく、サスペンションにおいても、乗心地や操安性は今よりもさらに良いものが求められる。一方、社会的要求からは、より安全な車、より環境に優しい車であることが求められている。

　サスペンションは技術的に究極といわれるアクティブサスペンションにまで到達した。しかし、性能は非常に優れたものであるが、エネルギ消費の面から社会的要求を満たせず日本では姿を消した。この性能を得る代替として、当面はエアサスペンションとセミアクティブサスペンション、および省エネ姿勢制御であるアクティブスタビライザの組合せが高級車では採用され、他の制御システムと協調してさらに知的でより安全な車になっていくことであろう。しかし、一方で省エネシステムや高性能化などの試みも行なわれている。

(1) 軽量化

　燃費向上、CO_2削減のためにパワートレイン系の様々な改良、開発が行なわれているが、もう一つの大きな要素として車両の軽量化がある。車が軽くなれば、同じ速度に達するまでの必要なエネルギは少なくなるので、燃費向上への効果も大きい。

　サスペンションにおける軽量化はずいぶん前から行なわれており、その主な手法はアルミ化である。高級車ではかなりのサスペンション部品がアルミ化されている。アルミよりもさらに軽量化するには樹脂化がある。板ばねや、スタビライザのコネクティングロッドなどには既に実用化されているものもある。図8-66はストラットの樹脂化

樹脂製
ストラットマウント

樹脂製スプリング

樹脂製ストラット形
ショックアブソーバ
（ハブキャリヤ一体）

図8-66　樹脂化の取り組み例
（2011年フランクフルトモータショー）

の研究例である。ストラットとナックルを一体化し、コイルスプリングやストラットマウントまで樹脂に置き換えている。樹脂化はボデーなどの軽量化効果の大きいところから始まっていくと考えられるが、将来サスペンションという強度・剛性が必要な部位にも適用されるようになるだろう。

(2) 走行用駆動モータを用いた振動制御

最近は多くのハイブリッド車が発売され、走行のためのモータを備えた車が増えてきている。車輪に制動トルクや駆動トルクを与えると、車体はノーズダイブやスクワットを発生する。この現象を利用して、走行中にピッチングが生じた場合、走行用の駆動モータにトルクの変動を与えれば、このピッチングを抑制するように作用させ、車体の振動を抑えることができる。このような制御はすでに一部のハイブリッド車で実際に採用されている。

(3) 電動式のアクティブサスペンション

油圧のアクティブサスペンションに代わり、電動モータを使用したアクティブサスペンションが開発されている。図8-67はBOSE社が発表したもので、リニアモータを用いて力を制御するものである。エンジンでポンプを駆動する方式に比べ、必要なときだけ通電するので、消費エネルギを大きく低減できる。モータを使用したアクチュエータの利点は単に省エネであるだけでなく、ショックアブソーバが熱として捨てていたエネルギを電気エネルギとして回生できる点にある。

ショックアブソーバの制振エネルギがどの程度のものであるかを見積った結果が報告されている。図8-68はその結果で、ISO 8608で規定される路面を1,700kg程度の車両重量の車で走行したときの推定値である。走行路面により大きく異なり、10W〜4,000Wくらいと幅が広い。全てを回収できる訳ではないが、回生することにより消費エネルギをさらに低減できることは見込める。

(4) プレビュー制御

アクティブサスペンションやセミアクティブサスペンションは路面から入力を受け、車体が動くことによって制御が行なわれる。したがって、どんなに頑張っても揺れない状態を作り出すことはできない。あらかじめどのような入力が路面から加わるかが分かっていれば、それに備えて制御することで車の揺れを大きく低減することが可能である。

図8-69はアクティブサスのプレビュー制御の研究例で、制御することにより加速度が低減し、大きく乗心地が向上しているのが分かる。アクティブに限らず、セミアクティブにも応用できる技術である。この技術は、2013年の欧州高級車に、Magic Body Control (MBC) という名称で初めて採用された。

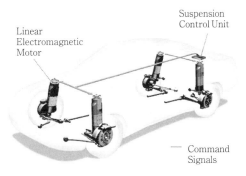

Linear Electromagnetic Motor

Suspension Control Unit

Command Signals

FrontAxle

図8-67 電動式のアクティブサスペンション（BOSE社）[22]

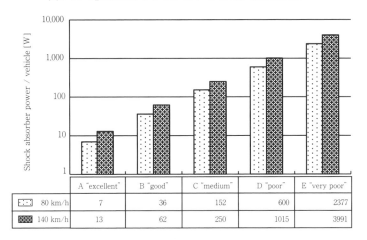

図8-68 ショックアブソーバの制振エネルギ[23]

	A "excellent"	B "good"	C "medium"	D "poor"	E "very poor"
80 km/h	7	36	152	600	2377
140 km/h	13	62	250	1015	3991

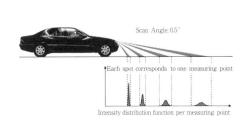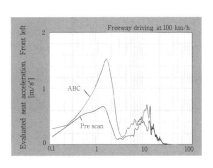

Scan Angle: 0.5°

Each spot corresponds to one measuring point

Intensity distribution function per measuring point

Freeway driving at 100 km/h

ABC

Pre scan

(a) プレビューによる路面検出

(b) プレビュー制御の効果

図8-69 プレビューアクティブサスペンションとその効果[24]

乗心地と操安性を両立できる理想的なサスペンションとは、車体が動くときに硬く、車輪が動くときに軟らかいサスペンションであるといえる。すなわち、制振と防振の両立である。これを目指し、いろいろな機能を付加した製品や、電子制御が行なわれてきたが、まだ到達はできていない。今後の研究や技術の進歩によりさらに良いものに改良されていくだろう。既に成熟したと思われるサスペンションだが、まだまだ将来には夢がある。

参考文献

1)　"Porsche Cayenne" ATZ extra（2003）
2)　Bosch 社ホームページ、http : //www.bosch.co.jp/jp/press/group-1007-03.asp
　　2010 年 5 月 26 日 LWS6 プレスリリース（図版出典：Bosch）
3)　デンソーカーエレクトロニクス研究会：図解カーエレクトロニクス［上］システム編、P122、
　　日経 BP 社、2010 年
4)　自動車工学、1984 年 10 月号、鉄道日本社
5)　新編自動車工学便覧、自動車技術会、1984 年
6)　LAND CRUISER 100 新型車解説書（1998 年 1 月）
7)　大竹実ほか：スバル技報、第 13 号、富士重工業㈱
8)　伊藤正美ほか：トヨタ技術、第 36 巻第 1 号、トヨタ自動車㈱
9)　Yuji Yokoya ほか：TOYOTA Electronic Modulated Suspension（TEMS）System for the
　　1983 SOARER、SAE Technical Paper Series 840341, SAE
10)　岩田義明：振動のアクティブコントロール手法とその応用、
　　日本機械学会第 555 講習会テキスト、1983 年
11)　カーグラフィック、1987 年 7 月号、二玄社
12)　田中忠夫："電子制御サスペンションの最適設計とそのアクティブ制御" 講習会テキスト、
　　技研情報センター
13)　広報資料「新開発　油圧アクティブサスペンション」、日産自動車、1989 年 9 月
14)　"ソアラアクティブコントロールサスペンションの開発"　川上、他；
　　TOYOTA TECHNICAL REVIEW、第 41 巻、第 1 号、（1991 年 5 月）
15)　"日産油圧アクティブサスペンションの開発" 河原崎、他；
　　自動車技術会学術講演会前刷集 892（1989 年 10 月）
16)　ATZ（1999）
17)　"Der neue BMW 7er" ATZ extra（2001）
18)　"The Dynamic Damper Control"，ATZ extra BMW 7 series / November 2008
19)　井上直彦ほか：自動車技術、Vol.43、No.4、自動車技術会、1989 年
20)　原田宏：シンポジウム "車両運動性能向上の基礎技術" 論文集、自動車技術会、1989 年
21)　井上ほか："シャシーアクティブ制御システムの開発と車両運動性能の向上"
　　自動車技術会学術講演会前刷集 911（1991 年 5 月）
22)　BOSE 社ホームページ、http : //www.bose.co.jp/
23)　ESTIMATION OF THE RECUPERATION POTENTIAL OF SHOCK ABSORBER
　　ENERGY、ATZ、2012 年 9 月
24)　Active Preview Suspension System ABC Prescan in the F700、ATZ、2008 年 5 月

索　引

執筆者紹介

2013年9月現在

政村 辰也（まさむら たつや）

1952年生まれ。

1978年萱場工業㈱（現カヤバ㈱）に入社。以来、自動車用油圧緩衝器、サスペンションシステムの研究・開発に携わる。製品企画開発部長、技術統轄部長を経て、2012年より技術統轄部技術顧問。

萩平 慎一（はぎだいら しんいち）

1964年生まれ。

1986年カヤバ工業㈱（現カヤバ㈱）に入社。以来、自動車用操舵装置の研究・開発に携わった後、自動車用サスペンションの企画、及び研究・開発に従事。現在、製品企画開発部専任課長。

桝本 一憲（ますもと かずのり）

1968年生まれ。

1992年カヤバ工業㈱（現カヤバ㈱）に入社。以来、自動車用油圧緩衝器の設計・開発に携わる。現在、サスペンション技術部専門課長。

吉田 昇（よしだ のぼる）

1958年生まれ。

1982年萱場工業㈱（現カヤバ㈱）に入社。以来、織物用コントローラの開発、サスペンション及びステアリングシステム用電子制御機器の研究・開発に携わる。現在、ステアリング技術部にてステアリングシステム用電子制御機器の開発に従事。

浅田 浩三（あさだ こうぞう）

1968年生まれ。

1981年カヤバ工業㈱（現カヤバ㈱）に入社。以来、自動車用油圧緩衝器の実験・開発に携わる。現在、開発実験部にて自動車用サスペンションの実験、解析、評価に従事。

馬島 聡志（まじま さとし）

1976年生まれ。

2001年カヤバ工業㈱（現カヤバ㈱）に入社。以来、自動車用油圧緩衝器の実験・開発に携わる。現在、開発実験部にて自動車用サスペンションの実験、解析、評価に従事。

自動車のサスペンション
構造・理論・評価

| 編　者 | カヤバ株式会社 |
| 発行者 | 山田国光 |

発行所　**株式会社グランプリ出版**
〒101-0051　東京都千代田区神田神保町1-32
電話 03-3295-0005　FAX 03-3291-4418

| 印刷・製本 | モリモト印刷株式会社 |
| 組　版 | ヴィンテージ・パブリケーションズ |